中国建筑技术集团有限公司
中国建筑科学研究院有限公司　组织编写

张　捷　　易方民

祝凯鸣　　刘文杰　　乔　瑞　主编

文体教育类建筑设计　案例解析

Case Analysis of Cultural, Sports and Educational Building Design

中国建筑工业出版社

图书在版编目（CIP）数据

文体教育类建筑设计案例解析 = Case Analysis of Cultural，Sports and Educational Building Design / 中国建筑技术集团有限公司，中国建筑科学研究院有限公司组织编写；张捷等主编 . —北京：中国建筑工业出版社，2023.12

ISBN 978-7-112-29398-8

Ⅰ.①文… Ⅱ.①中… ②中… ③张… Ⅲ.①文化建筑—建筑设计—案例 ②体育建筑—建筑设计—案例 ③教育建筑—建筑设计—案例 Ⅳ.① TU24

中国国家版本馆CIP数据核字（2023）第241151号

责任编辑：张文胜

责任校对：张　颖

校对整理：董　楠

文体教育类建筑设计案例解析

Case Analysis of Cultural, Sports and Educational Building Design

中国建筑技术集团有限公司

中国建筑科学研究院有限公司　组织编写

张　捷　易方民　祝凯鸣　刘文杰　乔　瑞　主编

*

中国建筑工业出版社出版、发行（北京海淀三里河路9号）

各地新华书店、建筑书店经销

北京海视强森文化传媒有限公司制版

天津裕同印刷有限公司印刷

*

开本：787毫米×1092毫米　1/16　印张：16¾　字数：315千字

2024年1月第一版　2024年1月第一次印刷

定价：**198.00元**

ISBN 978-7-112-29398-8

（42021）

指导委员会

主　任：尹　波

副主任：余湘北　狄彦强　李小阳　石　磊　刘羊子

编写委员会

主　编：张　捷　易方民　祝凯鸣　刘文杰　乔　瑞

副主编：杨凌聆　徐海波　修宝营　苏　华　张　伟　王　鹏

参编人员：孙海燕　于立方　胡　雁　杨宇立　王昭斌　王永辉　刘宏伟
　　　　　代　兵　史有涛　韩　蕊　吴前飞　吴　颖　梁文胜　边　天
　　　　　卞晓芳　纪维晶　王鑫磊　白建波　宋　铮　王占江　肖　杨
　　　　　赵龙波　郑　乘　张　迪　何琪琪　韩　影　江楚雄　李雪梅
　　　　　崔黎静　刘　军　张佳男　马梦宇　董　超　赵宇男　赵　丽
　　　　　姚松凯　陈晓雷　田帅一　林　琳　王胜男　王力生　郭　丽
　　　　　丁　诚　王联吉　姚增根　娄勇义　夏慰兰　程史奇　张　夏
　　　　　颜兆军　王育娟　周朝一　龚　欣　刘　皓　丁一凡　董玉洁
　　　　　高　江　刘长河　蔡大庆　黄　碁　杨　迪　李雅玲　郑　超
　　　　　潘路路　李宏森　刘彦辰　范齐亮　汤旭东　张　浩　荣　高
　　　　　王晓辉　赵　杰　李　扬　薛　凯　席婧仪　郝丽娜　张翠林
　　　　　王双岩　杨海鸥　宋雪彤　张　兵　张秋丽　王　寰　谭宝峰
　　　　　王　磊　李青杨　闫修典　方　华　易沛媛　郭庆文　李广海
　　　　　呼日勒图力古日　杨桂元　郑　波　王若凝　倪青然　赵晨璐
　　　　　邓莹琳　岳海波　刘陆洋　卓　然　周　星　陈兴太　肖　允
　　　　　赵　越　李　明　李午言　李青旺　刘志凤　潘江涛　巴福盛
　　　　　王　晶　巴骏辉　邬国飞　吕　轩　王　翔　吴浩纯　赵晓花
　　　　　郑一鑫　毛宗原　李　龙　孙仁范　徐丽暖　王桂军　费晓华
　　　　　郭荣凯　杨东瑜　翁院锋　孔德宝　胡晶晶　陈军辉　刘三俊
　　　　　李成才　张晓冬　孟　婷　胡灵兵　韩毅豪　饶承东　饶洪涛
　　　　　贾　霁　李鸿亮　从方宇　姜　阔　张　浩　蒲旭阳

组织单位：中国建筑技术集团有限公司
　　　　　中国建筑科学研究院有限公司

总 序

中国经济进入新常态，城市发展方式随之转变，当前建筑行业面临的机遇和挑战并存。

一方面，随着城市化进程的推进以及政府对行业利好政策的加持，建筑行业持续保持稳定的发展态势。当下，转型升级是建筑业的主旋律，大力发展绿色低碳建筑，稳步推广装配式建造，加大建筑新能源应用，积极推进城市有机更新为建筑行业提供了广阔的发展前景；随着信息化技术的发展，建筑行业迎来了数智化转型机遇，BIM 技术、云计算、物联网、互联网 +、人工智能、数字孪生、区块链等对建筑业的发展带来了深刻广泛的影响，成为推动建筑业转型发展的核心引擎。同时，随着中国建筑企业实力的不断增强，以及"一带一路"倡议的推进，越来越多的中国建筑企业走出国门，参与国际市场竞争，为建筑行业提供了全球化的发展空间和机会。

另一方面，在过去几十年中，大规模的基础设施建设和城市化进程已基本满足市场需求，城市空间资源逐渐紧张，建筑行业进入存量发展阶段，市场份额减少、盈利难度增加、过度竞争与资源浪费，不断挤压着建筑企业的生存空间。与此同时，随着人们对精神需求的重视、生活方式的改变、节能环保意识的提高，对建筑设计行业提出了更高要求，如何在保障建筑质量的基础上综合考虑功能性、舒适性、环保性等诸多因素，打造出让老百姓住得健康、用得便捷的"好房子"，成为建筑行业亟待解决的问题。

建筑规划设计要走创新发展之路，以不断提高建筑的质量和性能，满足现代社会的需求，需要从多个方面进行探索和实践：应注重可持续发展，采用可再生能源和节能技术，提高建筑的环境友好性和可持续性；结合新兴技术，借助数字化赋能，对建筑设计进行优化和预测，提升设计效率和质量，同时通过智能化管理提高建筑运营效率；将以人为本的理念融入建筑设计，关注、尊重人的需求与特性，提升建筑的舒适度和便捷性；在建筑设计中融入地域、文化、传统等要素，和而不同，设计出独特而多元化的建筑作品。

中国建筑技术集团有限公司成立于 1987 年，系央企中国建筑科学研究院有限公司控股的核心企业。历经三十多年的发展，依托品牌与技术优势，已经成长为一家覆盖规划、勘察、设计、施工、监理、咨询、检测等业务的全产业链现代化综合型企业。项目遍及全国各地，作品得到社会各界的赞誉，历年来所获各类奖项不胜枚举。作为建筑领域的"国家队"，中国建筑技术集团有限公司肩负着引领中国建筑业创新发展的使命，通过加强技术创新和管理提升，不断提高核心竞争力来适应市场需求的变化。当前，策划推出的建筑规划设计案例解析系列图书，旨在梳理近些年建筑规划设计项目的最新成果，分享实践经验，总结技术要点及发展趋势，以期推动建筑行业健康可持续发展。

此次出版的案例解析系列图书包含四册，分别为《城市综合体建筑设计案例解析》《文体教育类建筑设计案例解析》《科研办公类建筑设计案例解析》《城乡规划与设计案例解析》，凝聚了几百位建筑师、工程师的设计理念与创新成果，通过对上百个案例的梳理，从不同专业角度进行了深入剖析。其中不乏诸多对新技术、新产品的运用，对绿色低碳设计理念和设计手段的践行。

通过实际落地的优秀设计案例分享，带读者了解建筑设计中那些精妙的建筑语言、设计理念、设计细节，以全视角探寻设计师的内心世界，为建筑行业从业者和广大读者提供参考资源。相信本系列图书的出版将会进一步推动我国勘察设计行业的创新发展，为我国未来建筑业的高质量发展做出应有贡献。

中国建筑科学研究院有限公司党委书记、董事长

序

　　教育建筑是反映一个国家教育发展水平的重要载体。新中国成立以来，教育投入逐年增长，办学条件显著改善，教育改革逐步深化，办学水平不断提高，一座座拔地而起的学校，见证了大江南北教育事业的繁荣。这些教育建筑展示了运用国家力量和人民智慧共同编织起的崭新教育篇章，也蕴含着人们对知识的不断探索，对未来的深切期待。

　　文体建筑是人民生活水平提高后，对文化和健康有更高需求的表现，也是综合国力提升的体现。每一个静谧的博物馆，每一个繁华的会展中心，每一个热烈的体育馆，都在充满生机的土地上，展现着中国日新月异的面貌。这些场馆不仅是承载文化与运动的建筑，它们还充满着生活的色彩和动力、文化的底蕴和活力，展现着人们对精神生活的美好追求。

　　数据显示，目前我国共有各级各类学校 52 万所左右，在校师生约 3 亿人，为我国经济社会发展提供了强大的智力支持和人才储备。全国的体育场地 420 万个左右，文体设施数量近 7 万个，能够基本实现人们在家门口开展文体活动的需求。这些都反映出我国文体教育事业发展所取得的骄人成就。

　　随着社会的进步和理念的更新，传统文体教育类建筑已不能充分满足新时代人民群众需求。教育模式由应试教育到素质教育，教育空间由固定模式趋于开放和多功能，文化体育类建筑也受到绿色低碳要求、智慧科技进步等多方面影响。对于建筑设计师来说，需深入理解相关领域发展趋势，关切人民群众的需求和期待，在考虑建筑的实用性与美观的同时，还应该深度理解建筑与环境的关系，建筑与使用者的互动，以及建筑所能传达的深层文化意义，不断创新设计理念与技术运用，推动文体教育类建筑建设工作高质量发展。

　　本书通过对实际案例的解析，为读者揭示文体教育类建筑设计的独特魅力和技术要点，希望能启发更多设计师创造出具有深远影响力的建筑作品。也希望读者在阅读本书时，不仅能获取建筑理念和设计知识，还能够深入理解和领会本书所提及的设计思路和实践方法，在未来设计的过程中发现新的可能性。

　　文体教育类建筑是我们每一个人身边的建筑，也是伴随我们成长和生活的建筑，希望我们通过对文体教育类建筑的进一步理解，更加热爱生活，更加融入时代。也期待从事文体教育类建筑设计的建筑师和工程师，通过不懈努力，走出一条跻身世界建筑之林的发展之路。

李存东

全国工程勘察设计大师

中国建筑标准设计研究院有限公司党委书记、董事长

中国建筑设计研究院有限公司风景园林总设计师

中国建设科技集团首席专家

中国建筑学会秘书长

前 言

　　教育兴则国家兴，教育强则国家强。党的二十大报告中将"实施科教兴国战略，强化现代化建设人才支撑"单列为一个独立部分，充分体现了教育的基础性和战略性地位。"加快建设教育强国、科技强国、人才强国"的全面部署，为我国 2035年建成教育强国指明了前进方向。

　　习近平总书记指出，推动高质量发展，文化是重要支点；满足人民日益增长的美好生活需要，文化是重要因素；战胜前进道路上各种风险挑战，文化是重要力量源泉。国家也一直在积极推动素质教育改革，将综合素质发展置于优先发展的核心位置，尤其强调文化、艺术、体育在发展中的重要性，这将有助于建设文化和体育强国，提升国家的文化软实力。

　　为推动文体教育类建筑设计的理论与实践发展，本书编委会组织编撰了《文体教育类建筑设计案例解析》一书，旨在全面系统梳理近年来该类项目的设计内容、技术特点，析取理念精华，凝练技术亮点，为未来相关项目建设提供思路。

　　本书由文体类建筑与教育类建筑两部分组成，分为文化中心，体育场馆，高等教育，初、中等教育，学前教育，其他教育六个子项。每个项目均从项目概况、创意构思、技术特点、应用效果四个方面展示项目的特色，提炼核心技术，总结设计方法。本书凝聚了近年来文体教育类项目的设计精华，以期激发更多的创意和思考，与广大设计师一起共同为我国文体教育事业发展贡献微薄力量。

本书是项目设计师、参编人员和审查专家的集体智慧，在本书出版发行之际，诚挚地感谢长期以来对中国建筑技术集团有限公司提供支持的领导、专家及同行！书中难免存在疏忽遗漏及不当之处，恳请读者朋友批评指正。

本书编委会

2023 年 12 月

目 录
CONTENT

教育建筑类·初、中等教育
Educational Buildings, Primary and Secondary Education　166—247

教育建筑类·学前教育
Educational Buildings, Preschool Education　248—261

教育建筑类·其他教育
Educational Buildings, Other Education　262—267

Cultural and Sports Buildings,
Cultural Center

文体建筑类·文化中心

成吉思汗博物馆

海南省非物质文化遗产展示中心

中国人民解放军军事医学博物馆

鄂尔多斯东胜区清真寺

金山岭长城自然博物馆

通州应急与安全文化中心

宝安 1990（图书馆、文化馆、音乐厅）升级改造

十堰国际会展中心

肃宁北职工活动中心

成吉思汗博物馆

01/ 项目概况

　　该项目位于内蒙古鄂尔多斯市伊金霍洛旗成吉思汗陵，是以纪念成吉思汗为目的的历史型博物馆，也是人们了解相关历史和文化的场所。博物馆内包括成吉思汗研究院、成吉思汗档案馆、成吉思汗文献馆，是一座展示成吉思汗文化和蒙元文化的综合型博物馆。

　　项目用地约 10 万 m²，总建筑面积 1.5 万 m²。项目外观呈山峦造型，由外部钢结构网架外壳和内部钢筋混凝土框架两部分组成。

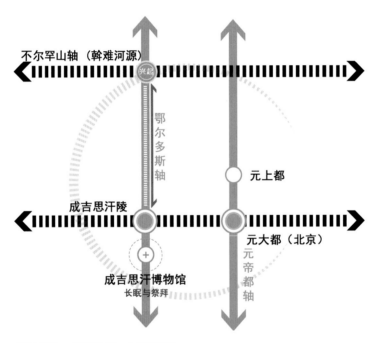

项目位置："同经同纬、同轴同场"

项目实景

02/ 创意构思

1. 以"山"为主题，表达成吉思汗像山一样的丰碑

成吉思汗，是自然的化身，是山一样的丰碑，成吉思汗博物馆不仅仅是一栋"建筑"，博物馆的形态本身就是山一般的神秘和沉静。山，是完结的形态，融合和超越周边的任何形态。

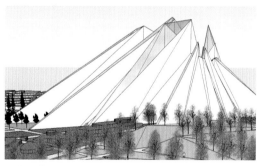

理念的缘起

2. 以形态和布局诠释属于成吉思汗的时代

整体建筑的文化意义在于以平面形态和布局，体现成吉思汗开创的欧亚大陆版图，并以鄂尔多斯为中心，向 13 个方向发散的 13 条建筑轴线代表 13 世纪以及成吉思汗创建的 13 个世界之最，象征着成吉思汗对整个时代带来的震撼。

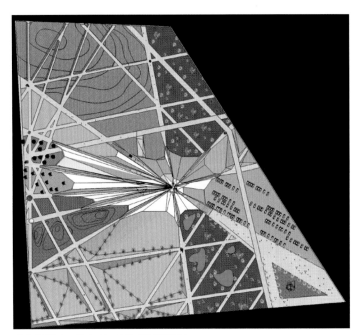

博物馆总平面代表欧亚大陆的疆域版图

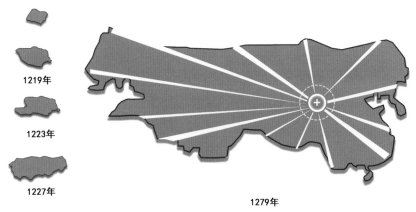

1219年

1223年

1227年

1279年

13 个建筑轴线代表英雄时代的吉祥数

3. 光影设计，表达成吉思汗的精神和空间力量

顶部的采光带，以及镂空处光影的引入，丰富了室内的空间，象征万里浩瀚的星空，将人们的思绪带到遥远的年代，有棱角的折面，表现了成吉思汗时代的力量。

室内效果图
来源：UAA 建筑事务所。

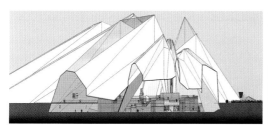

剖面构成

03/ 技术特点

1. 结构和材料

采用折板网壳完美实现不规则建筑造型。成吉思汗博物馆内部为钢筋混凝土框架结构，外部是折板网壳结构，两部分完全脱离。由于建筑设计外形折面复杂，折板单元拼接不规则、环向连接不连续、不规则，结构设计具有很大挑战。空间折板网壳主要由中心柱、采光带两侧的 11 组 22 榀管桁架以及折板网壳组成。杆件的连接形式为以下三种：焊接螺栓球连接、相贯焊节点、连接板与相贯焊相结合的节点连接。钢屋架支座采用了三种形式，中心柱采用固定支座，为释放温度引起的水平力，四周支座分别采用三向铰支座和双向水平滑动支座，以减少温度引起的水平推力对基础的影响。该工程设计使用年限为 100 年。内部结构基础采用独立基础加防水板，钢结构基础采用独立基础和条形基础。

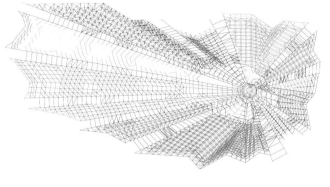

折板网壳结构平面图

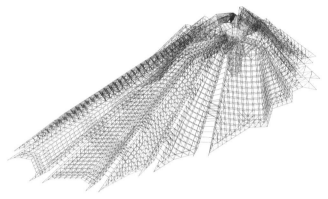

折板网壳三维模型

现场施工照片

折板网壳细部

中心柱支撑起 11 组管桁架

折板网壳与内部混凝土框架完全脱离

2. 多种技术结合打造低能耗空调系统

该项目空调冷热源为双螺杆冷水机组+市政热水。展厅、会议厅采用全空气系统，冬季采用低温地板辐射供暖，其他区域采用新风加风机盘管系统。根据建筑使用功能，运用了大量节能技术措施。

（1）采用高效节能、安装维护简便、运行可靠、智能管理界面的双螺杆冷水机组。

（2）室内分别设置温度、湿度、二氧化碳感应器，通过冷水电动调节阀、加湿器电动调节阀、风系统电动调节阀对应调节空调系统运行。室内设置红外线人体感应器，无人时自动关闭空调机组。

（3）除小报告厅外，所有新风均采用热回收机组。

（4）冬季大空间全空气系统配合地板辐射供暖，提供热舒适性。

（5）采用减振基础，满足环境噪声指标要求。

3. 复杂外形下的水消防和内排水设计，安全、实用、美观

该工程为2层复杂结构，空间关系复杂，内外两种建筑分离，外层折板网壳结构导致给水排水管线无法像常规建筑一样贴顶敷设，且给水排水管线的敷设要尽可能不影响整体的美观。这样的网架结构对水消防的设计也提出挑战，水消防需要既能安装管线，又满足消防保护。故该工程给水及消防管线主要在内部建筑敷设。该工程有一片内凹型屋顶，雨水排水为有组织排水。复杂的外形使传统外排雨水改为内排水，把雨水管敷设

水管敷设于中央大厅结构柱内

于中央大厅的结构柱内，并设置检修孔，最后埋地排出。

室内复杂的高大空间，除常规的消火栓、喷淋和灭火器系统外，还设置多组消防水炮。综上，该项目给水排水系统安全、实用、美观。首层大堂及接待处等高大空间，采用红外对射探测器，配合消防水炮保证区域消防安全。

4. 根据建筑场地情况合理设置变配电室及消防兼安防控制室

变配电所设置在负荷中心，进出线方便，设备吊装、运输方便，由于内部空间净高较高且形状不规则，在首层下方设置夹层。由于当地地下水位低且少雨，所以变配电所设置电缆沟采用下进下出形式。安防和消防合用控制室，设置在首层并设置独立出入口，方便后期管理与维护。

5. 高大空间的智能消防系统

场馆空间结构关系复杂。外部钢网壳结构最高点 37m；内部框架结构，建筑高16.2m。电气专业管线繁杂，敷设与固定桥架及管道的难度很大。利用地下夹层作为强弱电干线层，同时在各功能分区居中处设置电气竖井，减少了吊装电气管路数量。历史展厅及临时展厅等部位设置空气采样早期感烟探测器。首层大堂及接待处等高大空间，采用红外对射探测器，配合消防水炮保证区域消防安全。

（1）大空间采用数字图像消防炮系统，集散式分布，系统可分、可合、可扩展。

（2）智能水炮集中式大空间消防喷水管理系统。

（3）数字图像水炮自动开启灭火方式：可视图像火灾探测、火灾报警系统自动确定火源、报警和火情确认。

（4）分布集散式网络控制系统可实现现场手动控制，中心手动／自动控制。可与其他火灾报警系统和安防监控进行无缝集成，提高系统的可靠性和先进性。

高大空间采用红外对射探测器和消防水炮

04/ 应用效果

成吉思汗博物馆充分体现了蒙古文化的精髓，重视人与自然的关系，成功地将成吉思汗博物馆塑造为自然的一部分。她就像一座神秘而沉静的山一般，永远地伫立在成吉思汗陵，欢迎八方游客前来缅怀一代伟人成吉思汗。该项目于2013年获得第八届全国优秀建筑结构设计三等奖。

室内实景

外部实景

建成实景

海南省非物质文化遗产展示中心

01/ 项目概况

    该项目位于海南省海口市琼山区，总建筑面积 52180m²，建筑高度 42m，是海南省十大重点公共文化工程首批落地实施项目。

    该项目为琼剧院、非遗博物馆及艺术中心三大功能合一的文化综合体，主要设有大剧场、实验小剧场、综合排演厅、黎锦馆、非遗陈列馆、非遗体验传习馆、非遗传承人技艺活态展示馆、艺术中心等多种类型公共文化设施。

02/ 设计理念

    以"海上帆、风中翼、云上锦"为总体设计理念，采用"一体两翼"的规划格局，力求以鲜明独特的建筑形象，充分展现在建设自贸港这一新时代背景下海南地域文化的"展示与弘扬、传播与交流、腾飞与发展"。

整体建筑造型如海上扬帆，高低错落呼应，建筑形体面向东侧城市广场开敞，又如张开的亲和双臂，将漫步人群揽入其中，把从西北、西南街角引入的城市人群，会聚于建筑中心设有共享、咖啡、新闻发布等休闲互动区的"城市文化客厅"，并将建筑空间自然划分为南北两翼，即北侧的琼剧会馆剧场与南侧的非遗艺术博物馆区，宛如展翅欲飞的"风中双翼"，迎海上来风。

建筑外饰面以穿孔金属幕墙及玻璃幕墙为主，强调建筑虚实对比，造型整体舒展大气，极具动态。建筑立面注重细部处理，浅银灰色金属质感的菱形穿孔铝板，以若干通透率的组合，拼接成渐变过渡的视觉效果，细节融入海南黎锦图案意象，寓意地域非遗传统文化的精髓。铝板开孔图案衬以夜景灯，昼间夜间将呈现不同的立面效果。

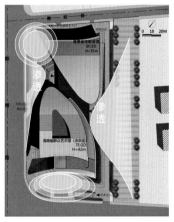

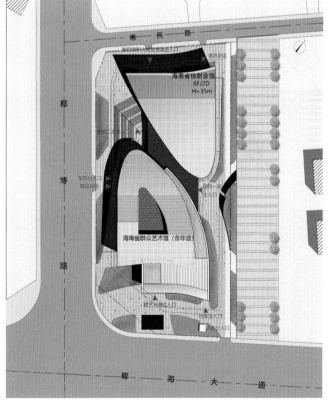

经济技术指标表		
名称		指标
用地面积（m²）		16667
总建筑面积（m²）		52180
地上建筑面积（m²）		32180
其中	海南省琼剧会馆（m²）	13200
	海南省群众艺术馆（含非遗）（m²）	18980
地下建筑面积（m²）		20000
容积率		2.0
建筑密度（%）		55
建筑高度（m）		42
绿地面积（m²）		1600（园区统筹）
地下机动车停车（辆）		300

总平面图

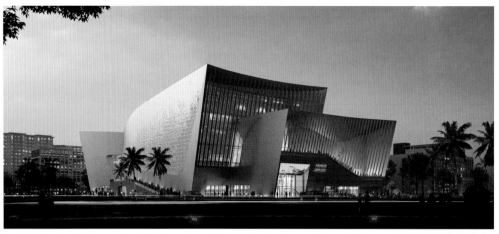

人视效果图

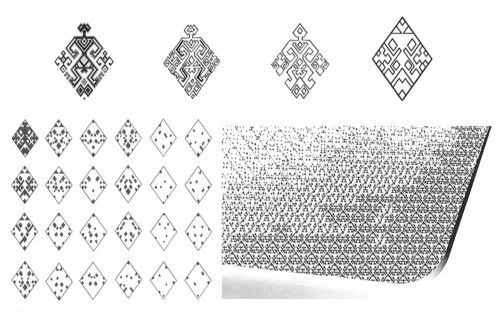

当地文化基因提取

幕墙局部效果图

03/ 技术特点

1. 超大悬挑结构

为实现"海上帆，风中翼"的寓意，建筑外轮廓逐层向外扩展，最大悬挑尺寸达到 11.8m。在不影响建筑效果的位置增加钢斜柱，以增加外挑部分的冗余度，外延部分采用钢斜柱＋挑梁的方式；B 塔五层以上悬挑部分通过设置层间桁架，保证传力的有效性，在不影响建筑功能的位置（端部悬挑部分）悬挑桁架内延一跨，其他位置空腹桁架以传递悬挑部分的重力荷载；并在次梁处外伸悬挑以辅助层间桁架的受力，增加其竖向刚度。

2. 给水排水技术特点

给水低区由市政供给，高区由水箱加变频泵供给，管道在地下一层环状布置，保障供水安全可靠。生活热水热源采用太阳能＋空气源热泵热水机组，充分利用清洁能源，环保节能。

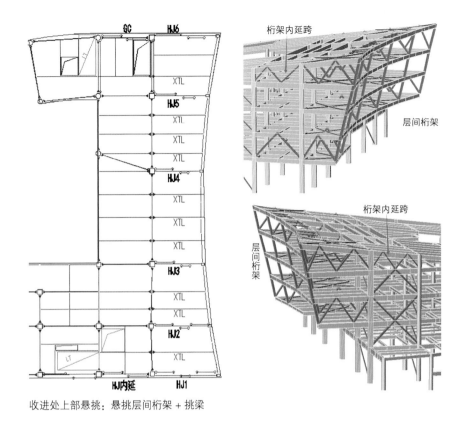

桁架内延跨

层间桁架

桁架内延跨

层间桁架

收进处上部悬挑：悬挑层间桁架 + 挑梁

室内消防给水为临时高压系统。室外消防给水由市政双路供水。因建筑每层隔墙与功能变化复杂，为避免室内消火栓立管层层转换，自地下一层消防给水环管接入两根主立管，每层呈环状布置。自动喷淋灭火系统全部采用湿式系统，剧场葡萄架下方设雨淋系统，中庭、玻璃顶区域等设大空间智能灭火系统。舞台幕布口设防护冷却水幕系统。坡屋面下屋顶消防水箱分隔为 4 个单元，避开主梁部位，保证水箱顶检修空间，底部采用联通管联通。

屋顶雨水排放是该项目的难点。对不同高度的屋面，设置雨水斗及悬吊转换管有组织排放；对玻璃顶，在其周围设置屋面排水沟进行截水，并设溢流管解决超重现期雨水排放；对屋面局部低点部位除设排水溢水设施外，还设置屋面超警戒水位的报警系统。

3. 合理设置空调风系统，节约能源

该项目设置集中空调系统，冷源采用模块式空气源热泵机组，夏季供冷。琼剧会

馆剧务工作室、排练休息室、小排练厅、业务用房、化妆间、琴房、厨房洗碗间、备餐间、餐厅等房间以及群艺馆业务用房、工作室、美术室、书法室、教室等均采用两管制风机盘管＋新风系统；每台风机盘管设置三挡风速调节和温控器，可以独立控制其所服务区域的室温。

展示馆、陈列馆、学术报告厅、排演厅、实验小剧场、大剧场的舞台和观众厅等大空间采用一次回风全空气定风量空调系统。空调送风机采用变频运行方式。夏季空调机组按最小新风比运行，过渡季按 50% 新风比运行。

学术报告厅、排演厅、实验小剧场、大剧场等人员密度较大，该类房间设置 CO_2 浓度传感器，根据检测值控制新风量的大小。首层门厅、二层中庭等区域有大量直接对外的门，为尽量减少室外空气的进入，同时满足过渡季增大新风比运行，夏季空调机组按最小新风比运行时排风机不运行，靠外门的开启排风。

所有舒适性空调机组、新风机组送风部分采用板式 G4 级粗效过滤器＋袋式 F6 级中效过滤器。

风机盘管＋新风系统采用混合通风方式，顶部送风、顶部回风。风机盘管回风口采用平顶门铰百叶滤网回风口，送风口采用方形散流器，构成各自空间的气流组织形态。

首层大厅、展示馆、陈列馆、学术报告厅、排演厅、实验小剧场采用上送上回的气流组织形式，送风口采用双层百叶风口，回风口采用单层百叶。

二层中庭采用喷口侧送风的气流组织形式，回风口采用单层百叶。

大剧场的观众厅采用座椅送风、吊顶回风的气流组织形式。

大剧场的舞台设置喷口送风和上送上回两种气流组织形式，上送风口采用双层百叶风口，回风口采用单层百叶。

4. 合理可靠、智能高效的电气及智能化设计

采用 2 路市政 10kV 电源进线，并配置柴油发电机、临时发电车接口，消控室、信息机房等设置 UPS 供电，以满足建筑各类负荷的供电需求。变电所结合建筑布局、功能分区、负荷容量设置，尽量接近负荷中心位置，采用低能耗、低噪声的节能型变压器。根据负荷性质合理选择放射式与树干式相结合的配电形式，在保证供电可靠性的同时，有效减少有色金属的消耗，节省低压电缆的投资，并降低实际运行损耗。设置谐波治理保护器，减少舞台机械、舞台灯光、电子信息设备产生的谐波干扰，提高电能质量。

智能化系统设计完善，满足剧场、非遗展示中心、办公等多种信息化应用需求。设置楼宇自控、智能照明、能耗监测等系统，灵活监测控制建筑能耗，实现节能绿色高效的目标。

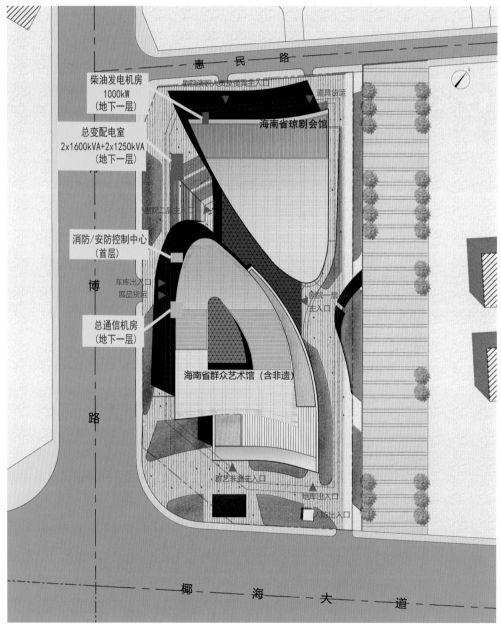

电气机房位置图

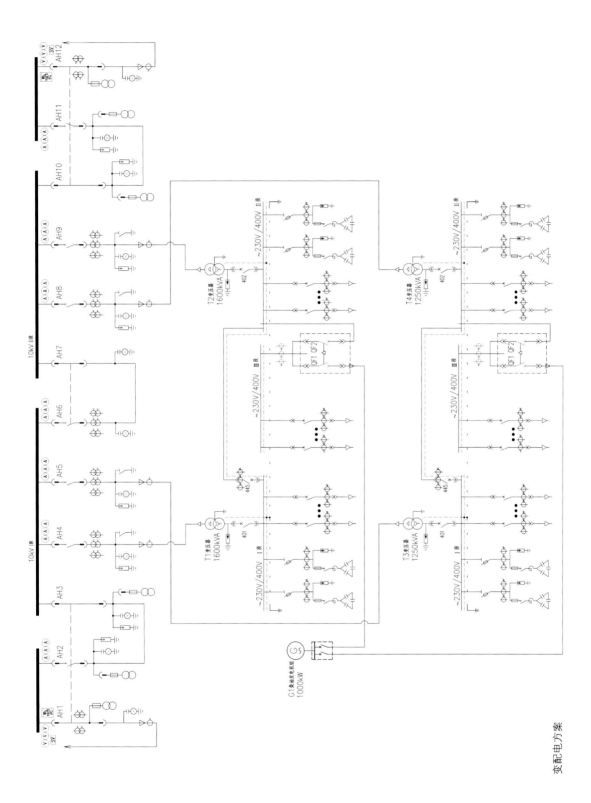

变配电方案

5. 多项技术综合应用

该项目功能复杂，技术设计涉及结构抗震超限、特殊消防安全、装配式建筑及 BIM 设计等众多内容。全部应用钢结构的大型公共文化建筑，钢结构赋予造型流畅动感的同时，也对内部多个观演大空间的隔声、隔振、降噪等声学构造，室内人员密集场所的钢构件防火性能，大量幕墙金属构件的耐盐雾腐蚀性能，台风作用区单一坡向大屋面的防水排水等技术措施，提出了较高的要求。

项目团队严格按照技术质量管理流程实施把控，对重大技术问题，组织了一系列专项设计，并邀请院内外专家开展深入研讨与重点指导，以保证该项目的顺利实施。

04/ 项目效果

目前该项目已进入施工收尾阶段，外装饰幕墙工程基本完成，可以初步呈现方案流畅舒展的整体效果。

休息厅效果图

立面效果图

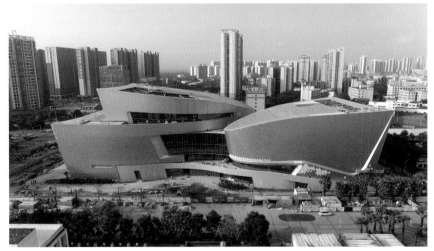

现场施工照片

中国人民解放军军事医学博物馆

01/ 项目概况

　　该项目位于北京市海淀区太平路，军事医学研究院内西南角，是一座国家级大型军事医学类博物馆。建筑用地 0.873hm²，总建筑面积 38000m²。主体建筑方正，顶部圆形玻璃穹顶直径47m，表达了天圆地方的中国文化理念。穹顶玻璃幕结合太阳能技术，部分太阳能反射板组成和平鸽图案，寓意世界和平，表达了设计的主题。

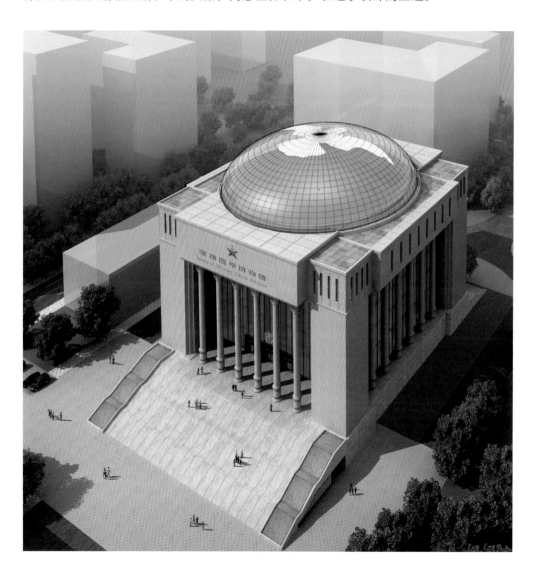

02/ 设计理念

1. 设计理念：高贵、典雅、艺术、科技

该项目主体建筑长 55.8m、宽 61.2m、高 54m，体量集中紧凑。外立面造型简约、典雅，以中轴线东西对称布局的形式表现了建筑的端庄、神圣。外装饰石材实体墙、柱廊、玻璃幕的虚实对比光影的变化，表现建筑的艺术美和恢宏气势。四个立面设计的柱廊每面 6 根共 24 根柱式，代表一年四季二十四节气，春夏秋冬，四季常青，蕴含着自然和生命的和谐，装饰柱被誉为"生命和平柱"。

在四环路上看到的博物馆

西南角实景图

2. 场地和建筑

（1）合理建筑功能布局。该项目三层以上是博物馆展览厅，采用钢结构，柱网 13.5m，建筑层高 5.5m，以满足陈列三维立体实景的空间要求。顶层为生态休闲大厅，大厅屋顶为 47m 跨度的圆形玻璃穹顶，穹顶采用双层中空热反射曲线形玻璃。

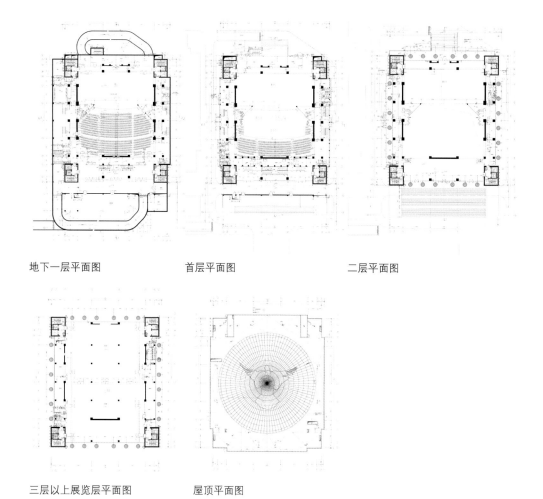

地下一层平面图　　　　首层平面图　　　　二层平面图

三层以上展览层平面图　　　屋顶平面图

（2）有效组织交通流线。博物馆南侧为公共人流主入口，北侧为医科院内部人员
入口以及货运出入口。东、西侧为底层报告厅的疏散出口。地下车库出入口在场地西侧，
机动车流线设计在博物馆建筑的人行视野范围外，交通组织顺畅。

（3）充分利用建筑空间。由于建筑南立面距城市道路仅 40m，用地紧张，入口前
设计 6m 高大台阶，减少步数以增加入口广场的宽度。人流通过二层大台阶进入展厅，
台阶下为剧场主入口。大台阶与主体结构脱开，之间通过 10m 跨预应力平台板连接，
同时平台下空间作为地下车库入口坡道和设备机房，空间利用非常充分。

03/ 技术亮点

1. 结构技术与难点

该项目为框剪结构，地下一～地上二层为 1300 座礼堂，三～九层为展厅。由于功能需要，礼堂需要大空间，展厅框架柱需通过剧场顶部巨型桁架进行转换。

（1）技术难点

1）转换结构跨度大、托换层数多、允许变形小；

2）转换桁架竖向支撑构件布置受限，仅能通过柱距 4.4m 的单跨框架支撑；

3）礼堂层水平抗侧力构件布置受限，仅四角及周边可布置。

（2）解决方案

采用平面桁架作为转换构件、型钢混凝土单跨框架作为转换桁架的竖向支撑结构；由主次桁架、水平支撑、上弦梁板等组成刚度很大的空间结构，将水平地震作用有效传递到四角剪力墙，形成完整的水平传力体系；对支撑转换桁架的钢骨柱、型钢混凝土墙等关键构件采用性能化设计，按中震弹性设计、控制大震作用下受拉柱的内力、控制关键构件的抗震措施提高结构延性；增强转换层楼板厚度及配筋，提高转换层平面内刚度；采用 SATWE 和 PMSAP 软件进行整体分析计算，并用 SAP2000 对关键构件进行校核。

模型剖面效果图

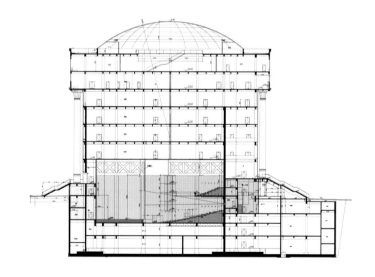

剖面示意图

（3）设计特点及创新点

1）采用超大跨度转换桁架（跨度 39.6m×41.9m），与型钢混凝土框架组合成整体受力体系；

2）通过增加水平桁架等措施形成水平力传递体系，解决抗侧力构件距离较远问题；

3）对关键抗侧力构件进行抗震性能化设计；

4）为防止 10m 跨超大悬挑看台局部柱破坏，并控制大震下变形量，悬挑结构设置平衡斜拉杆。

施工过程

2. 暖通空调设计特点

该项目冷源采用 3 台离心式冷水机组，2 大 1 小配置，冷水温度进 / 回水温度为 7℃ /12℃。热源采用市政管网提供的蒸汽，经汽水热交换后，为系统提供 60℃ /50℃ 的热水。空调水系统为一次泵变流量两管制系统，通过压差旁通器控制系统总供回水管压差。剧场大空间采用全空气空调系统，附属用房采用风机盘管加新风系统。

根据建筑使用功能，进行了气流组织、噪声控制和节能设计：

（1）剧院楼座、池座和舞台分别设置全空气系统，空调机组采用双风机，以保证过渡季全新风运行时的风量平衡。

（2）空调系统设置热回收，效率大于 65%。

（3）剧院采用座椅下送风和上回风方式，气流分布均匀。屋顶休闲大厅夏季采用立式风机盘管下送风方式，冬季采用低温地面辐射供暖系统，提高了热舒适性。

（4）空调设备设减振装置、风系统设阻抗复合式消声器，满足环境噪声指标要求。

3. 给水排水设计特点

该项目为大型综合型博物馆建筑，设有 1300 座剧场、展陈、办公、会议、休闲、车库、人防等功能区。因空间结构复杂，功能分区多，消防给水设计是重难点。

消防水源由市政一路水源提供，需贮存室外消防用水。室内消防给水系统多，包括消火栓给水系统、自动喷淋给水系统、舞台葡萄架下雨淋系统、空间高度超过 8m 的观众厅和剧场入口大厅处的消防水炮系统、主舞台台口钢制防火幕处的防护冷却水幕系统。为减少消防水池占地面积，消防水池有效容积减少消防期间的补充水量后为 1240m³；因雨淋泵用电量比较大，为减轻电气负载，改为 2 用 1 备，其他按 1 用 1 备设置，共设 13 套消防泵组，消防泵房占地面积约 150m²。

受屋面阳光顶影响，无法设置屋顶消防水箱及稳压泵组。经多方沟通协调，屋顶水箱及稳压设备设置在本楼南侧另一栋超过 50m 高的建筑物屋顶，水箱底绝对标高高于本楼屋面。各消防给水系统的稳压管由室外地下两楼之间的联通管引入至各消防给水系统的水泵接合器处。

4. 电气与智能化设计特点

由城市电网引双回路 10kV 高压电力电缆，接入该工程的变配电所。

（1）负荷等级

一级负荷：消防系统（含消防控制室内的火灾自动报警及控制设备、消防泵、消防电梯、排烟风机、加压风机、消防补风机、防火卷帘门等）、安防监控系统、应急及疏散照明指示、通信机房、计算机机房、业主要求柴油机所带的必保负荷等。甲等剧场的舞台照明、贵宾室、演员化妆室、舞台机械设备、消防设备、电声设备、电视转播、事故照明及疏散指示标志等。

二级负荷：客梯、给水、潜水泵等。

三级负荷：其他电力负荷及一般照明。

（2）变配电所

变配电所设置于地下二层。设备容量为 3961kW（不含消防设备）；消防设备 780.5kW。选用 2 台 1600kVA 户内型干式变压器。

（3）低压配电系统供电

采用 220V/380V 放射式与树干式相结合的方式，对于单台容量较大的负荷或重要负荷采用放射式供电；对于照明及一般负荷采用树干式与放射式相结合的供电方式。一二级负荷采用双电源供电，在末端互投；三级负荷采用单电源供电。

该项目设置以下弱电系统，通过楼宇及智能化的相关设计满足博物馆的使用需求：通信网络与结构化布线系统、有线数字电视系统、多媒体信息发布系统、智能化安防监控系统、智能会议系统、消防自动报警系统、楼宇控制系统。

（4）电气设计亮点

亮点一：集中电源集中控制型应急照明系统。该项目为 2012 年设计，当时已设计了集中电源集中控制型应急照明系统，而集中控制型应急照明相关规范于 2018 年发布，2019 年 3 月实施，设计先于规范 6 年。本次设计在公共区域设置疏散照明及疏散指示灯具、应急照明灯具，在人员密集的剧场区域设置圆形地埋疏散指示灯具，控制器通过编程实现智能开关控制技术，提高了消防安全性。

1）消防照明与智能疏散指示系统为集中电源集中控制型系统。系统由应急照明控制器、数字式应急照明集中电源、应急照明配电箱、集中控制型消防应急灯具组成，通过通信总线将系统组成部分连接起来。按照防火分区及楼层结构将整个建筑分为 N 个区域，每个区域内设有一个子系统。

2）本系统控制器至于消防中控室；应急照明配电箱至于每层电井内。

3）系统应 24h 不间断地对终端设备进行巡检监控，如某个回路灯具发生故障，主机发出声光报警，可定性到灯具的故障。报警声可手动消除，报警光必须排除灯具故障才可消除，提醒工作人员在第一时间进行维护，同时消除大楼内的逃生盲区。发生危险情况时，集中控制型消防应急灯具主机根据火灾报警系统传递的信息，对危险区域的灯具进行调整。

亮点二：统一视频服务平台系统。本次弱电系统采用统一视频服务平台系统，将信息发布及导览功能、信息发布及导览应用终端、广播电视、视频监控等统一接入平台进行管理，实现跨功能系统的信息发布，对广播数字电视、视频会议、互动点播、直播培训等应用进行智能化的文字、图片、音频和视屏的精准信息发布。为博物馆打造一体化的智能体验。

亮点三：防雷系统设计。本次防雷采用 10 号镀锌圆钢做明敷避雷带，贴钢梁顶部敷设，固定间距 1.0m，沿屋顶弧形敷设。

04/ 应用效果

　　该项目建成后主要展示军事医学的发展历程和阶段性代表成果，各相关领域的基本知识、发展历史、辉煌成就和解放军野战卫生装备现状、对外交流活动等，有利于开展国内外高层次学术交流。中国人民解放军军事医学博物馆建设，标志着解放军从此将拥有一个专业的国家级乃至世界级的军事医学博物馆，将促进中国现代军事医学向更高、更深、更广的领域拓展。

　　该项目荣获"2019—2020中国建筑学会建筑设计奖""2021年北京市优秀工程勘察设计奖——建筑结构专项"三等奖。

国际学术交流中心

屋顶休闲大厅及
采光顶

鄂尔多斯东胜区清真寺

01/ 项目概况

　　该项目位于城市主干道东南，周边空间空旷开阔，是一个宗教建筑。工程项目于
2009 年 8 月 1 日开工，2012 年 12 月 1 日竣工投入使用。

　　鄂尔多斯市东胜区清真寺是一座美观大方、现代化、信息化的伊斯兰风格建筑。
整座清真寺沿中轴线左右对称，这一点又很大程度上承袭了中国传统建筑理念；隆起的
穹顶表现出蒙古和阿拉伯两种文化的相互渗透，同时外观与装饰又和现代形式相结合，
集众多建筑艺术为一体，成为伊斯兰文化包容并蓄的一个缩影。

　　该项目总占地面积 7100m²，总建筑面积 5225m²，总绿化面积 1000m²，建筑物总
高 33m，总长 127.70m，总宽 80.8m。建筑物平面呈不规则长方形，地下 1 层，地上 3 层，
局部 4 层，均为框架剪力墙结构。

项目实景照片

鸟瞰图

02/ 创意构思

对于宗教建筑设计，最为重要的就是回归到创作原点的思考，包括：伊斯兰建筑的起源、变迁、本土化、国际化和发展趋势；因地制宜，结合规划用地特点，塑造与环境融合的建筑形式。

1. 利用坡地自然环境，营造项目的崇高感和神圣感

在鄂尔多斯市南环路与团结路交叉口的东南角，有一处小土坡，与城市道路平均高差约 2.9m，最大高差约 4.5m（相对城市中心线高程）。根据清真寺的布局需求，利用坡地的自然环境，为建筑营造一种集中向上的"崇高感"和"神圣感"，是该项目规划所追求的终极目标。

2. 建筑永远朝向麦加的方向

清真寺的要素永远需要朝向麦加方向。有意思的是，在遵循这个传统的同时，承启前面的规划思路后，建筑形体和外部环境，也发生了一些有趣的变化：在建筑的北侧和东侧，分别与环境形成一些缺角；利用这些缺角和地形设置台阶，又可形成多个层级的平台，而每层平台根据需求不同，又可布置各种与空间相适应的建筑功能（例如，内庭院的主要出入口，就可以与东侧和北侧的地形结合），这种互为逻辑的关联性，正是建筑设计的有趣之处。

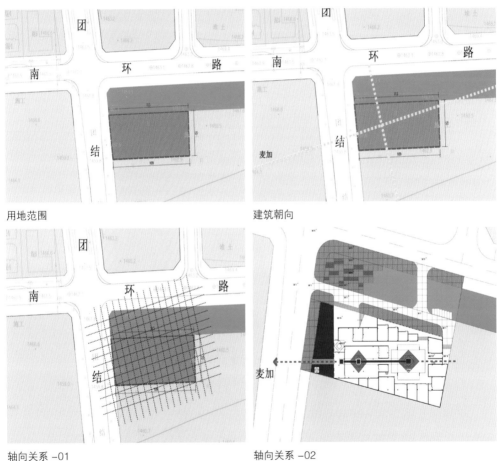

用地范围

建筑朝向

轴向关系 –01

轴向关系 –02

建筑总图分析（永远朝向麦加方向）

3. 逐层退台的采光窗，自然光束在变化中引入精神空间

　　沿西北角三段式大台阶而上，可到达清真寺最重要部分的礼拜殿，也是建筑设计的"点睛"之笔：礼拜殿和穹顶的设计，运用同构原理，将伊斯兰纹样进行分解、变化后，生成新的几何形体，每一层退台与建筑形体旋转相结合，产生更多、更丰富的三角形平面组合，利用这些组合，为礼拜殿上空设计了"逐层退台"的三角形采光窗，带来了丰富的自然光源。同时，一天内的光束变化，也将人引向一个深邃、神圣、崇高的精神空间。

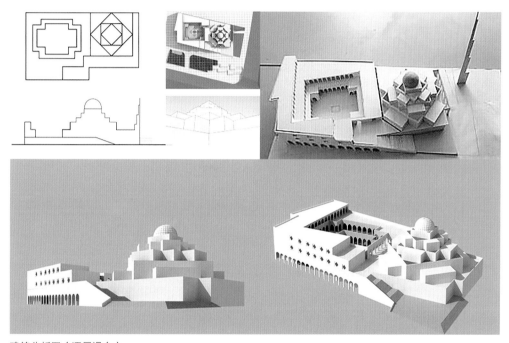

建筑分析图（逐层退台）

礼拜殿上空的三角形采光窗（提取伊斯兰传统几何纹样，进行变形和叠加）　　光影实景

4. 双层环廊、拱形门柱，彰显 13 世纪建筑风格

与礼拜殿相连的双层环廊设计，通过一系列的拱形门柱，将庭院紧密环抱。门柱的拱形在延续 13 ~ 15 世纪建筑风格的基础上，加以创新，门拱如柳叶，形成自然曲面，朝向庭院。洁白的环廊与麻石地面，所构成的机理对比，给人以庄严、朴实的印象。37m 高的宣礼塔同样运用了同构原理，将钢结构三棱柱体以几何关系层层递减，塔顶的宝瓶和月牙形装饰物，与礼拜殿穹顶上的标志遥相呼应。

双层环廊、拱形门柱

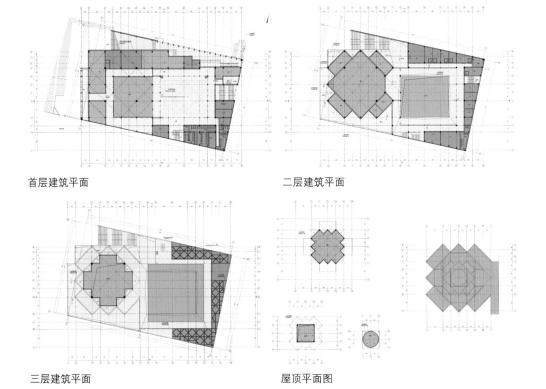

首层建筑平面   二层建筑平面

三层建筑平面   屋顶平面图

03/ 技术特点

1. 结构和材料

采用钢筋混凝土框架加穹顶结构，完美实现建筑效果。基础形式为筏基与独立柱基相结合，上部为混凝土框架结构。地下1层，地上3层，局部穹顶结构。建筑每层不同方向退台，框架柱布置时，对每颗框架柱位置确定，要通盘考虑，最大限度减少转换柱。不同方向框架梁、悬挑梁、水平折梁布置满足建筑造型的要求。

2. 机电设计——绿色节能、高效舒适

（1）供暖系统采用双管系统。主要采用低温地板辐射供暖系统，设分集水器（带温控阀），埋地管敷设到各个房间；客房卫生间、浴室采用低温地板辐射供暖，并预留浴霸以补充不足。公共卫生间采用低温地板辐射供暖，并预留电暖气插座以补充不足。主要入口设置电热空气幕，夏季作为普通风幕使用。除卫生间、淋浴间外的其他房间夏季以自然通风为主，预留分体空调插座。该建筑多为高大空间，不适宜布置散热器，分集水器便于隐藏，与清真寺的装饰装修更好地融为一体；室内烟高大方向上的温度分布比较均匀，温度梯度小，热损失相对少，人的实际感觉比相同室内温度对流功能舒适；且地暖房间的设计温度比对流供暖温度低，可有效利用低温水达到节能效果。

（2）该工程建筑外形复杂，有逐层退台、敞开式庭院，且外立面要求很高，对给水排水管线的敷设要求很高。针对项目特点，给水排水管线有一个整体的美观设计，特别是雨水系统，将雨水排水系统全部暗敷，保证的项目的效果要求。

（3）供电电源从室外箱式变电站引来200V/380V电源，分别供给本楼动力负荷及照明负荷用电，其中商业负荷单独进线，单独计量。电源总进线柜采用固定式动力及照明配电柜，落地安装，进出线方式为下进上出／下出。采用放射式与树干式相结合的供电方式。对消防设备电源采用双电源供电，末端互投。楼梯间、电梯前室等处公共照明采用双路供电，于地下室楼梯间及前室、主要出入口等处设应急照明及疏散照明。应急照明及疏散照明均采用蓄电池型灯具，持续供电时间不短于30min。该工程按三类防雷等级设防，在屋顶采用ϕ10热镀锌圆钢作避雷带，利用屋顶金属钢柱作避雷针。

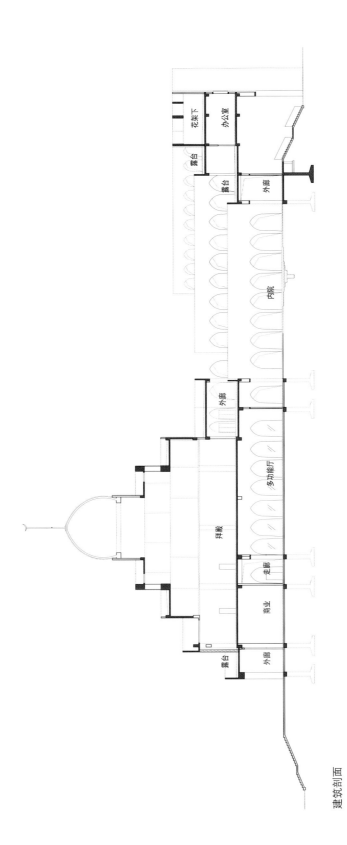

建筑剖面

04/ 应用效果

　　建筑，永远是民族和文明的"个性"表现。对于伊斯兰文化、历史、建筑，我们还仅仅是管中窥豹。然而，在整个设计过程中，当我们逐步深入学习，对文化元素进行提炼，并运用到建筑和环境中，最终生成新的建筑和与之相适应的环境，本身是一个进步的过程。沿着前辈的足迹，探索、求知、实践、创新，这也是设计行业永恒延续的故事。

　　鄂尔多斯东胜区清真寺建成后，成为一座以清真寺为主、清真饮食聚集区为辅的综合性清真寺，为鄂尔多斯及周边地区高起点、高标准乃至西部地区一流清真寺。因清真寺简洁、明快、轩敞的风格，使人仿佛来到了遥远的阿拉伯国度，纯白色建筑在蓝天白云下给人一种圣洁的气息。

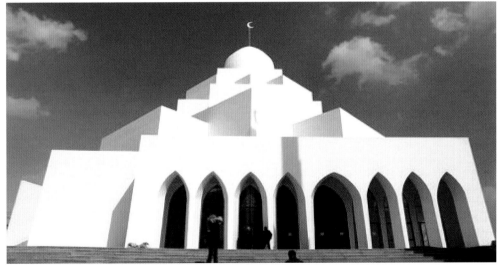

实景照片

金山岭长城自然博物馆

01/ 项目概况

1. 项目区位

该项目位于河北省承德市滦平县巴克什营镇花楼沟村花楼沟口，101 国道路北，G101 与 X516 交界处，南侧毗邻金山岭长城景区。交通可达性较高。项目地块东西宽约 450m，南北进深约 100m，为不规则矩形。项目总用地面积约 56.4225 亩（37615m²）。

2. 项目规模

建设用地面积为 37615m²，总建筑面积 48400m²，其中地上建筑面积 15600m²，地下建筑面积 32800m²。总车位 1006 个（地上车位 106 个，地下车位 900 个）。

博物馆南立面效果图

02/ 设计理念

1. 创新构思："峻岭之巅"

元素构成：山脉 + 长城 + 烽火台。

万里长城东起山海关，西至嘉峪关，绵延不绝；像一条矫健的巨龙，横卧于中华大地之上，起伏在崇山峻岭之巅。本方案利用建筑设计的手法勾画出了长城清晰的轮廓，塑造出一幅奔腾飞跃、气势磅礴的瑰丽画卷。

建筑整体为白色，部分外立面采用镂空砖的设计，意化出长城的建造过程。建筑底部为地上停车场，提取自山川的意向，意指长城屹立于山脉之上的景象。

方案一方面体现出长城大气柔美的特点，同时也营造出博物馆建筑极高的设计感和雕塑感。

2. 建筑设计

该建筑的设计要素主要体现在六个方面：带状造型、"空间转换"设计、镂空砖外立面、文字砖、烽火台及屋顶花园。

博物馆鸟瞰图

（1）带状造型

建筑整体为带状长条形，沿水平方向延伸，借鉴了长城的外形特点。

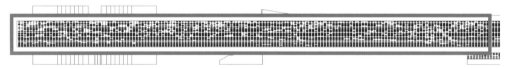

带状造型示意图

带状造型效果图

（2）"空间转换"设计

建筑立面采用"空间转换"的设计手法，通过从二维到三维的转化，表现出长城的险峻之势，给游客一种身临其境攀登长城的感受。

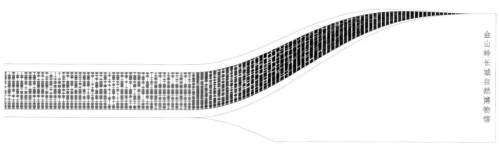

"空间转换"示意图

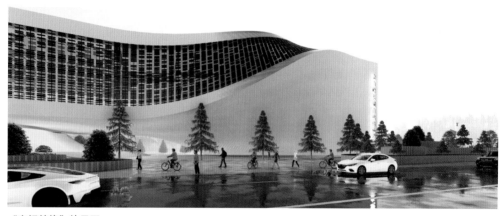

"空间转换"效果图一

"空间转换"效果图二

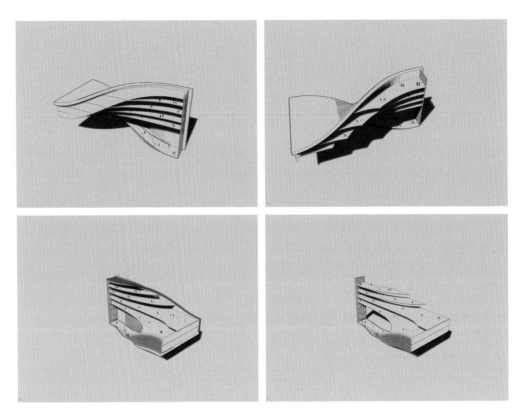

"空间转换"内部设计草图

（3）镂空砖外立面

建筑侧立面采用镂空砖的设计，体现长城建造的过程，强调长城的堆砌感。镂空砖墙面设计为可转动模式，增强了表现力，同时利用 LED 灯光效果打造独特的视觉体验。

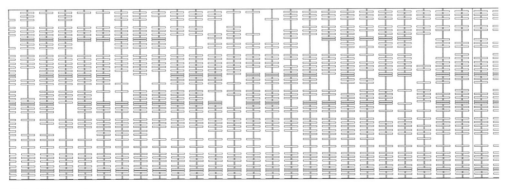

镂空砖外立面示意图

镂空砖外立面效果图一

镂空砖外立面效果图二

（4）文字砖、长城老砖

数字演绎中心外立面使用文字砖及麒麟影壁的元素，体现了博物馆建筑的历史感、沧桑感和厚重感。

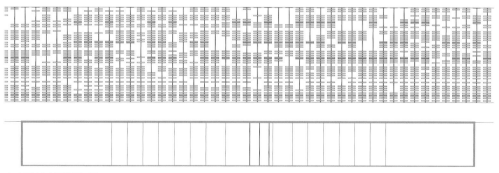

文字砖外立面示意图

（5）烽火台

建筑西侧引用了烽火台的元素，内为数字演绎厅。

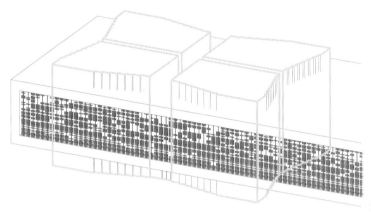

烽火台设计示意图

烽火台设计效果图

（6）屋顶花园

建筑顶层设计了屋顶花园，提高了建筑与自然环境之间的融合性，也为游客提供了休息活动的空间。

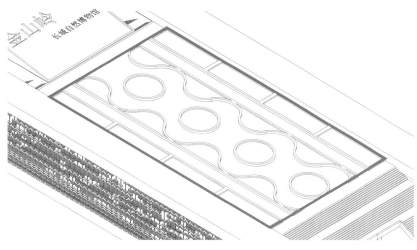

屋顶花园示意图

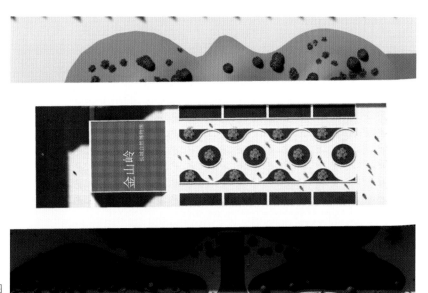

屋顶花园效果图

通州应急与安全文化中心

01/ 项目概况

1. 项目背景

为响应北京市应急与安全文化教育推广，完善通州地区应急与安全文化教育布局，充分发挥政府指导、社会企业积极参与，通州区应急安全管理中心积极推动应急与安全文化中心模式的尝试和探索，决议建设一座应急与安全文化中心，作为应急与安全文化教育、培训、展示、体验基地，从而引导社会人群主动学习与应急安全相关知识。

2. 项目概况

项目位于北京市通州区宋庄艺术中心区域，占地面积约 32.6 亩（约 21733.3m²），建筑总面积 99460m²，其中地上建筑面积 85860m²，地下建筑面积 13600m²。拟打造

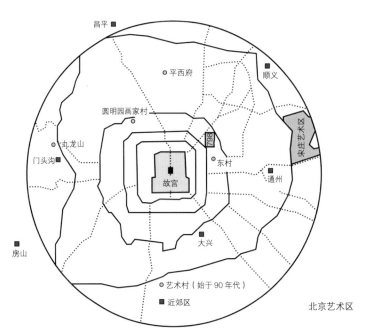

通州区宋庄艺术区区位示意图

北京首家全方位体验式应急科普教育基地，建筑功能主要为安全文化主题馆、各类实训演练基地、住宅公寓、商业等实际生活场景防灾安全构建，建成后能够极大弥补完善北京地区体验式应急科普教育基地功能，多维度提升宋庄地区艺术品牌效应。

02/ 创意构思

1. 地域文化研究

方案设计充分思考地域文化与建筑功能的结合，在建筑色彩和设计元素的使用上充分尊重宋庄地域文化的历史文脉传承。通过对宋庄现状典型建筑风格材质的研究，发现宋庄地域文化具有很强的包容性，既偏爱传统，又向往现代。宋庄美术馆外立面采用传统红砖方盒子造型，内部功能空间又十分现代简约；宋庄上上国际美术馆外立面采用青砖弧形造型，锈铁矩形悬空入口做法十分现代；徐宋路上的标志性锥形砖塔非常清晰地展示了宋庄对红砖、金属等材质的偏爱。

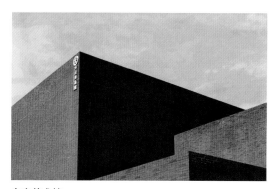
宋庄美术馆

上上国际美术馆

徐宋路环岛砖塔

宋庄美术馆内部展厅

沿街效果图

2. 场地规划和建筑设计

　　平面规划采用整体式布局，通过安全体验长廊贯穿三个庭院和不同功能的安全文化主体场馆——室外安全体验演练街区、安全文化主题馆、主要专业培训实训场馆；将示范公寓和长租住宅公寓，设置在底层示范开放区域之上，形成屋顶花园和空中花园作为示范住宅公寓的景观活动场地。

　　在总体建筑风格上，采取面向当代的现代主义风格，反映积极向上的时代风貌，充分尊重使用功能作为建筑的首要地位，建筑造型呈整体性"U"字形围合状，既保证了沿街面的最大化，又形成了内部相对独立的应急与安全文化体验场所。

　　建筑整体功能主要分为两个部分：一是底层对外开放的参观、实训、教育功能；二是相对独立的示范公寓、示范酒店、长租住宅功能。对外功能部分主要位于建筑底层庭院和各主题实训场馆，其参观流线以演练街区长廊为主轴线，左右贯穿室外实训场地、安全文化主体馆、各类主要专业实训培训场地；住宅类公寓从基地西侧、北侧入户，与内部围合对外展示实训功能相对独立，并在底层建筑屋顶打造景观绿化空间供租户休憩会客使用。

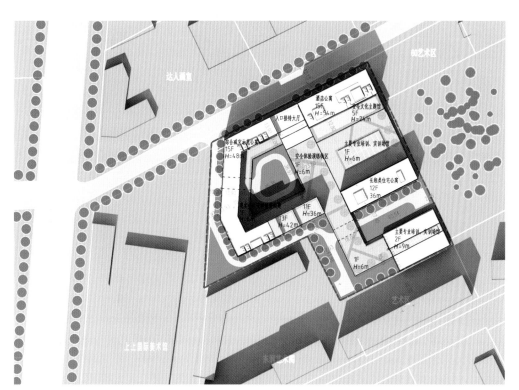

规划总平面图

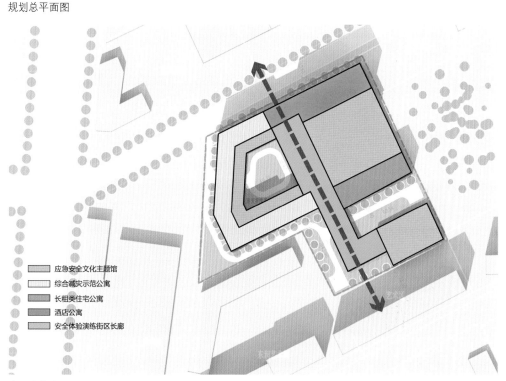

应急安全文化主题馆

综合减灾示范公寓

长租类住宅公寓

酒店公寓

安全体验演练街区长廊

建筑功能分析

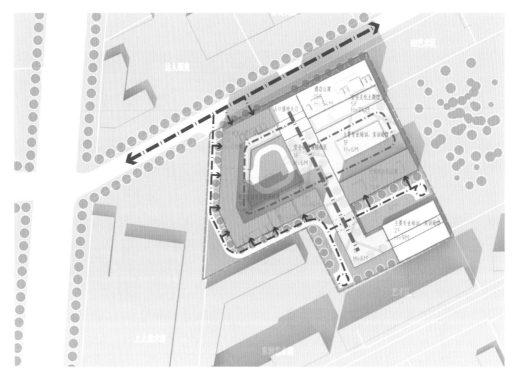

消防流线、参观流线分析

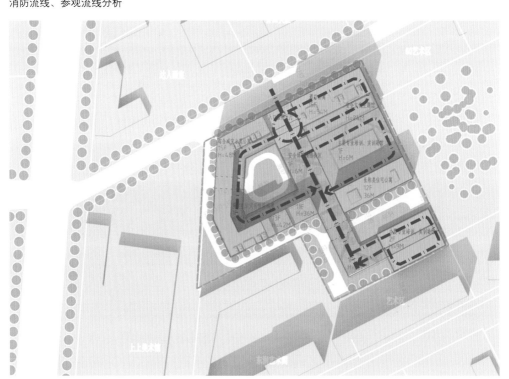

屋顶景观流线分析

03/ 项目亮点

1. 特点一：体验式实训

力图将应急安全教育由传统的课堂教育方式提升至体验式教育与综合演练的模式，吸引社会人群积极参与体验"我的安全我管理、我的生命我负责"，建立自救第一的新型安全观，增强人们安全意识和素质，掌握风险识别、隐患排查和自救互救技能。

应急安全主题场景，主要场馆建设包含安全文化主题馆、城市运行安全馆、卫生与生命安全馆、建筑工程施工馆、交通安全体验馆、自然灾害体验馆、学生老人突发事件体验馆等，涵盖我国全部主要灾害应急安全体验的场景构建。

餐饮场景构建　　超市场景构建　　酒吧场景构建　　影院应急场景构建

住宅公寓场景构建　　　　　　　　　　　　　　　酒店公寓场景构建

工地安全　　　　　　　　　　　　　　　　　　　火灾安全

交通安全展厅　　地震科普展厅　　台风体验展厅　　应急救援实训

功能空间构建

2. 特点二：长廊空间的打造

该项目流线组织的关键在于长廊空间的打造，借用现在综合医院发展"医疗长廊"概念，打造培训展示长廊，通过长廊将各类实训展厅和实景体验场景串联起来，长廊内部空间应简洁明亮，以交通功能为主，展示功能为辅，高效便捷地引导人流到达各类实训展厅。

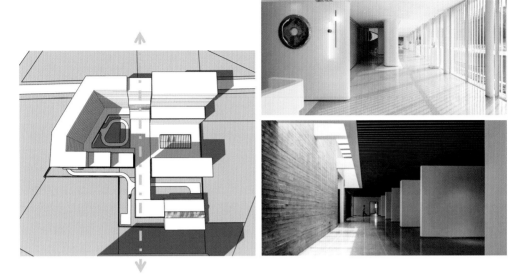

应急安全文化展示长廊空间示意

3. 特点三：竖向分区，屋顶景观

该项目用地紧张，建筑密度高，地面绿化面积不足，方案采用地面和屋顶多重方式增加景观绿化空间，景观设计采用简洁现代手法，与建筑造型和立面设计风格融为一体。

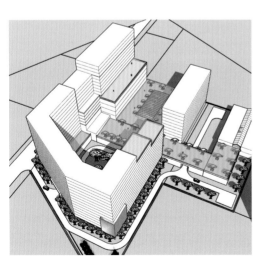

屋顶景观绿化空间示意

04/ 应用效果

　　该项目在专业上具有技术需求多样、功能复杂综合的特点，融合应急教育、消防实训、防火防灾、既有建筑改造等专业，充分展现了防火、消防、装配式、既有建筑改造等技术的综合应用，是实实在在的"建筑技术综合体"。

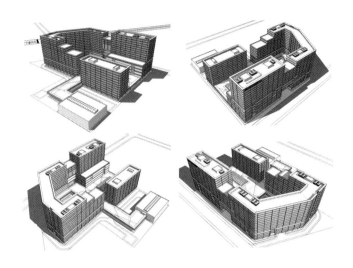

多方位建筑空间体量分析

沿街鸟瞰效果图

宝安 1990（图书馆、文化馆、音乐厅）升级改造

01/ 项目概况

　　该项目位于深圳市宝安区新安二路 70—74 号，是原深圳市宝安区图书、文化馆、影剧院的改扩建工程，是将深圳市宝安区 20 世纪 90 年代的老三馆（图书馆、文化馆、影剧院）（简称宝安 1990）升级改造成当代文化综合体的重大政府项目。

　　项目总用地面积：25768.27m²；总建筑面积：62494.83m²（改造后），27431m²（改造前）。

02/ 设计理念

1. 设计理念

（1）古树发新芽

对"古树"般的老三馆，保留原建筑的气质和定位，而所发的新芽，就是嵌附在老三馆的玻璃体（"透扩充"的新型空间）和新扩建的全理式地下室（"隐扩充"的地下空间），既尊重老的建筑，又注入新的气息。

（2）设计亮点

1）隐形扩建（音乐厅、图书馆、文化馆 – 阶梯艺廊）；

2）改造提升（文化馆、音乐厅 – 序厅、演奏厅）；

3）修复城市（文化广场的建立，"一街两场，一芯四轴"）。

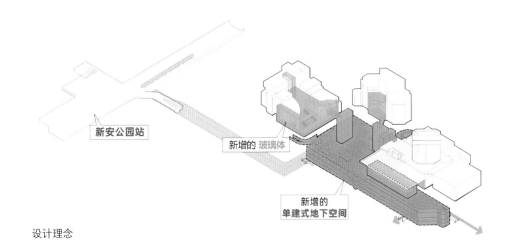

设计理念

项目效果

音乐厅

图书馆

文化馆

音乐厅—序厅

音乐厅

演奏厅

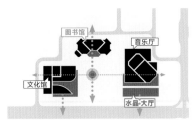

"品"字分布

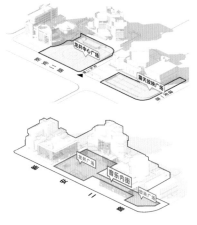

修复城市

一街两场，一芯四轴

2. 场地和建筑

宝安 1990 经过改造升级重新投入使用后，获得了广泛好评。整个项目的文化馆、图书馆、音乐厅，呈"品"字分布，由空中走廊连成一体，打造了一个多元化、数字化、智慧化的现代公共文化综合体。改造后的宝安 1990，以独特的文化设施精品，跟上了新时代的需求，与宝安中心区中央绿轴公共文化建筑、宝安公共文化艺术中心、滨海文化公园和深圳书城湾区城一起，成为未来深圳西部城市新客厅的标志性文化建筑群。

03/ 技术亮点

1. 结构和材料

（1）结构方面

水晶大厅 16m 层高钢框架结构，二层"悬浮"平台及两处钢楼梯均采用吊挂式。屋盖为种植重屋面，完全通过拉杆吊挂在钢柱上，全玻幕墙玻璃（长 16m）吊挂在屋面悬挑结构上。文化馆屋盖采用大跨度多点支承双向交叉。

钢梁体系（最大跨度 28m），幕墙钢结构采用小截面三角钢衔架柱（高度为 18.3m），并与主体钢结构整体共同工作。

音乐厅离基坑距离近，为保证工期，新增柱基础采用悬挑形式。

既有建筑结构分别采用了粘钢板、粘碳布、叠合板等方式加固。

加固方式——既有建筑

（2）幕墙方面

单块点爪玻璃尺寸为国内最大的点爪中空玻璃幕墙之一。大跨度钢结构点爪玻璃幕墙技术难度大。

点爪中空玻璃幕墙

施工过程

2. 暖通空调

根据建筑使用功能，结合当地能源状况，经技术经济比较后确定了冷热源方案，并进行了气流组织、噪声控制和节能设计。采用3台离心式冷水机组，2大1小配置，满足了部分负荷运行需求；剧院楼座、池座和舞台分别设置全空气系统，空调机组采用双风机，以保证过渡季全新风运行时的风量平衡；空调系统设置热回收，效率大于65%；剧院采用座椅下送风和上回风方式，气流分布均匀；音乐厅前厅（全玻璃结构中空大空间，净空16.72m，主要为垂直交通及景观空间）采用全空气低速送风空调系统，一层采用条形风口侧送，二层采用喷口送风，一层地板集中回风；空调设备设减振装置、风系统设阻抗复合式消声器，满足环境噪声指标要求。

3. 给水排水

合理规划地面与屋面雨水径流，对场地雨水外排总量进行控制，减少场地对外排水量，防止径流外排到其他区域形成水涝与污染。场地绿化主要为屋顶绿化、地面绿化及地下室顶板绿化，在地下夹层设有雨水蓄水池，雨水经设备处理后回用于绿化浇洒，路面冲洗等。

根据建筑设计情况，消防泵房及室内消防水池设置在地下一层汽车库内，有效容积 900m³；图书馆屋顶设 36m³ 消防水箱，属临时高压给水系统。

在进行项目设计工作时，需要根据实际情况考虑各个方面的问题，并及时与业主沟通其的需求，进而使得项目设计更合理、有效。根据建筑使用功能，该项目进行了多种自动灭火系统全保护设计：消防水泵房内设有消火栓泵、喷淋泵和水幕泵，为 1 用 1 备，雨淋泵为 2 用 1 备；合理充分利用地下室环形车道中心区域的空间设置室外消防水池，有效容积 450m³，上方室外草坪设取水口；室内消防水池跨度较长，为不规则形状，故水池分三格设置，采用连通管相连；音乐厅的休息厅、池座和乐台，文化馆的阶梯艺廊，图书馆的中庭均为高大空间，自动灭火系统均采用水炮系统；图书馆的舞台区域及舞台口设有防火水幕分隔系统和雨淋系统，以实现防火分隔及及时灭火作用，观众厅上方设水炮系统。

4. 电气及智能化

由两个不同市政变电站引来两路 10kV 市电电源，引至地下一层公共开关房。在地下室一层设配电房两座，1 号配电房内设 2 台 2000kVA 干式变压器，2 号配电房内设 2 台 1600kVA 干式变压器，在发电机房设一台常载 900kW 柴油发电机组做为市电停电及消防时备用电源。柴油发电机电源与市电电源之间，除了电气连锁外还应有机械连锁，以保证不向市电倒供电。

在光源选择方面，根据不同场所选用适当的灯具，如设备间采用 T8 LED 直管灯，车库采用 T8 LED 直管灯，卫生间采用节能防水密闭灯，走廊、楼梯间、前室等处选用 LED 筒灯或吸顶灯。同时，在走廊、安全出口等关键位置设置了疏散指示灯，以提供应急疏散的指引。设备房、前室、走廊等区域的照明采用就地设置的照明开关控制，确保只有在需要时才开启照明。楼梯间等区域的照明采用自熄式节能开关控制，当没有人在该区域时，灯光会自动熄灭，从而降低能耗。

04/ 应用效果

文化馆实景

图书馆实景

音乐厅实景

项目鸟瞰图

十堰国际会展中心

01/ 项目概况

    该项目位于十堰经济技术开发区林安商贸物流城内，物流城东侧为风景秀丽的道教圣地武当山和南水北调源头丹江口水库，南侧是国家级自然保护区——神农架。

    随着社会的发展，人们对于生活质量的要求在逐渐提高，位于中心城市的人们开始对一体化建筑产生需求，同时随着科技的进步，现代化建筑、智能建筑成为建筑行业发展的一大主要方向，于是在风景宜人的武当山山脚下，建造了一座名为"十堰国际会展中心"的集展览、会议、商务、餐饮、娱乐等多功能于一体的现代化智能展馆。

    该项目总用地面积 22hm^2，总建筑面积 36008.18m^2，地上为 3 层，建筑高度为 19.9m，容积率为 0.38，建筑密度为 23.2%，绿化率为 33.4%。建筑主要功能为展览、办公，其结构主体采用钢结构形式，主展馆屋面为钢桁架结构。

02/ 设计理念

　　"武当山""丹江水""汽车城"三张世界级名片闪耀全球，位于十堰武当山下的十堰国际会展中心便从这三大名片出发，其形态从太极文化的武当山、生命之源的丹江水、城市标志的汽车城三个方面思考，提取元素融入到建筑造型中，通过建筑语言展示其地方性特征，将该项目打造成十堰的地标性建筑。

　　建筑向来不是孤独的，该项目根据对周边道路、景观轴线和物流城布局的深入理解，将会展中心的主馆放置于场地中心，与副展馆隔室外广场相呼应。建筑结合广场景观，形成气势连贯的群体布局。建筑同相连接的南侧景观大道，共同形成了一条南北向的轴线，在与城市肌理相呼应的同时，成为新的地理标志。

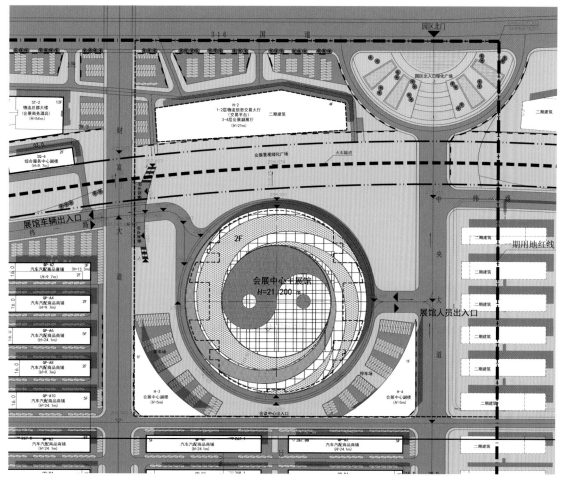

总平面图

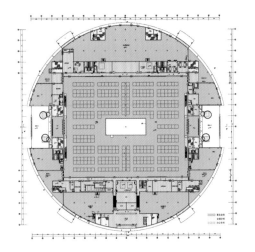
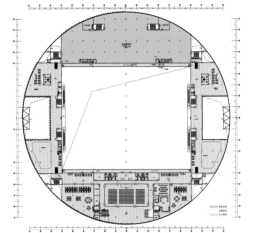

首层平面图　　　　　　　　　　　二层平面图

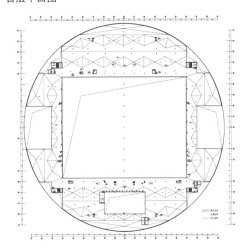
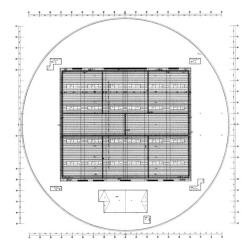

三层平面图　　　　　　　　　　　屋顶平面图

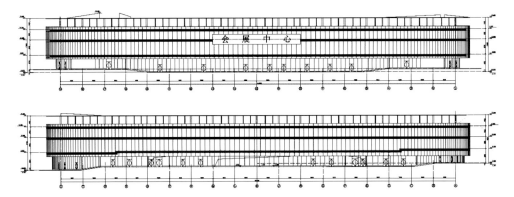

立面图

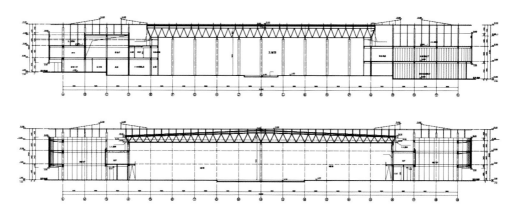

剖面图

03/ 技术亮点

1. 结构和材料

（1）工程概况

该项目位于十堰市白浪经济开发区组团内，是集展览、会议、办公为一体的会展中心，建筑平面为圆形，直径173.2m，主结构地上3层，无地下室。展馆的主展示区设于首层中部，3层通高，东西两侧设各设一54m×90m大空间展馆，两馆之间为一列柱距9m的柱子。

（2）结构体系和设计参数

综合考虑建筑功能、材料性能、建筑高度、抗震设防类别、抗震设防烈度、场地条件、地基及施工等因素，经技术经济和适用条件综合比较，选择安全可靠、经济合理的结构体系。

1）除主展示区外，周边的3层展馆存在门厅、过厅、报告厅等多处跨度不小于18m的大空间、有多处悬挑长度不小于5m的大悬挑、周边镂空的大跨度镂空梁。从结构受力合理和建筑美观效果方面考虑，主体结构采用钢框架结构，框架柱采用方钢管，框架梁采用焊接H型钢；楼板采用压型钢板作为模板的混凝土楼板；除主展示区大空间外，结构柱距以9m×9m为主，考虑到压型钢板作为楼板模板时经济合理跨度，每跨布置两道单向次梁，次梁间距为3m。

根据屋面空间尺寸，从结构合理性方面考虑，网架和桁架均为可行的方案，但是从建筑美观和甲方要求，确定采用倒三角桁架形式。

2）基础局部采用独立柱基，局部采用桩基础。

3）本工程设计使用年限 50 年。结构安全等级为一级。抗震设防类别为重点设防类；抗震设防烈度 6 度、设计地震分组为第一组、场地类别为 II 类。钢框架结构抗震等级为四级，结构抗震措施等级为四级。地基基础设计等级为甲级。建筑桩基设计等级为甲级。

（3）结构分析和技术措施

馆主展示区为 54m×2m×90m 的大空间，中间有一列中柱，屋面结构形式采用倒三角桁架，对不同的主桁架布置方式和桁架高度进行了比较计算。主体结构采用带支撑的钢框架形式，对不同的支撑形式进行了比较分析，考虑各种荷载组合对结构进行了整体计算。对桁架支座和门厅桁架节点进行了有限元计算，保证关键节点的受力性能。

结合建筑造型及预估的屋面檩条模数，初步确定主桁架横向尺寸为 3m，桁架高度根据《空间网格结构技术规程》JGJ 7—2010 及工程经验在跨度 1/12 ～ 1/16 之间取值。由于主桁架每 9m 一榀布置，在左右门厅处柱距为 18m，所以需在门厅处设置转换桁架。主桁架在中列支座位置受力形式为上弦受拉、下弦受压，支座处每根下弦加强杆截面尺寸，从经济性和美观效果上均受到影响。设计中通过在支座位置的下弦杆两侧增加局部下弦加强杆过渡，可以既不增大下弦尺寸，又合理地解决了下弦局部受力较大的问题。

（4）材料选用

建筑立面为表皮系统组成＋幕墙结构，整体表皮为网状钢管，一、二层为幕墙体系。建筑屋顶采用铝板和网架系统，整体形体旋转起伏，结合上屋顶的坡道，呈现旋转的态势。

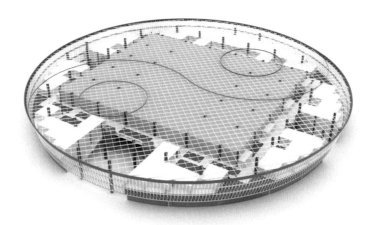

桁架模型分析图

2. 暖通空调

采用 2 台螺杆式冷水机组作为空调冷源，空调冷水泵与冷水机组采用集管式连接方式，其供回水总管之间设置压差旁通管；锅炉作为热源，热水循环泵采用变速调速控制方式，系统为变流量运行。冷却塔设于室外地面。

在水力平衡和节能方面采取的措施主要包括：各分支路干管和每层水平支干管上设静态平衡阀；空调机组和新风机组的连接支管上设动态平衡电动调节阀。所有的风机盘管回水支管设电动两通调节阀；空调机组和新风机组的空调水系统与风机盘管的水系统分别设置；全空气组合式空调机组风机均设变频器，部分负荷时变风量运行；设置 CO_2 传感器，与空调通风系统的控制联动，调节新风进风量，减少运行能耗。全空气空调系统在过渡季节全新风运行。空调系统接入直接数字控制系统（DDC），通过 BAS 系统集中控制，优化管理以节省空调通风系统运行能耗。

3. 给水排水

（1）满足汽车展厅功能性、使用性及美观性要求是该项目设计的重点。该项目建筑按太极图布局，故需按照功能及造型的需要布置系统和机房，合理布置平面路由及吊顶净高以满足规范的技术要求及使用方的功能需求，与建筑、结构及装饰专业一起美化布置室内消火栓及自动灭火系统，以保证汽车展厅的美观性要求。

（2）建筑体量大、造型独特是其自身的设计难点。

（3）该工程北侧有一路 DN250 市政给水管道，市政供水压力相对正负零为 0.5MPa。生活用水利用市政压力直供。分功能及业态设水表分级计量。设置水封及器具通气保证排水畅通并满足卫生防疫要求。

不采用集中热水系统，在需要使用热水的部位设置电热水器，并且电热水器的使用必须有防烫伤的装置。

局部屋面雨水系统采用虹吸排水系统，设计重现期 10 年。场地雨水设计重现期 3 年。

虹吸排水系统的七大优点：1）布点灵活，更能适应现代建筑的艺术造型；2）单斗大排量、屋面开孔少、降低屋面漏水概率、减轻屋面防水压力；3）落水管的数量少、管径小；4）安全性高；5）排水满管流无空气漩涡，高效且噪声小；6）管路设计同时满足正负压要求；7）管路规模小，降低了购买及安装成本。

（4）按一次火灾进行消防系统设计。室外消火栓系统由市政自来水直供。室内消火栓系统及自动喷火系统采用临时高压消防系统。不宜用水灭火的区域采用七氟丙烷气

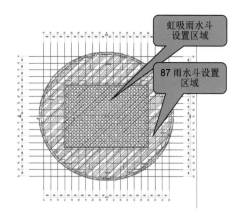

体灭火系统。

在展厅上空设置大空间智能消防水炮，采用贮水池、消防水炮泵、高位水箱联合供水方式。消防泵房内设置两台自动大空间智能消防水炮供水泵，屋顶水箱间内设置与消火栓系统合用的18m³消防水箱及增压稳压装置。室外设有地下式水泵接合器3台，每台水泵接合器流量为15L/s。

（5）该项目给水排水节能减排措施主要是控制系统无超压出流现象，用水点供水压力不大于0.20MPa，超出0.2MPa的配水支管设减压阀，且不小于用水器具要求的最低工作压力。

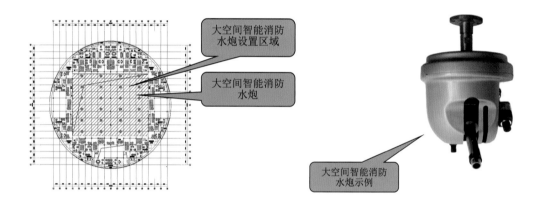

4. 电气及智能化

（1）供配电设计

1）该项目为圆形建筑，东西南北跨度基本一致，综合考虑用电容量、用电负荷分布及供电半径等因素，在建筑物首层东西两侧设置两处变配电室靠近负荷中心，达到节能的目的。

2）展位的配电设计是会展建筑电气设计的重点，每个标准展位配电箱均根据承办展览工艺的使用需求预留足够的电量，同时根据区域预留几处配电总箱为非标准展位预留供电使用条件。

3）考虑布展的灵活性，在展区地面设置强电与弱电共用的综合管沟，便于后期展览临时用电需求电缆的敷设。

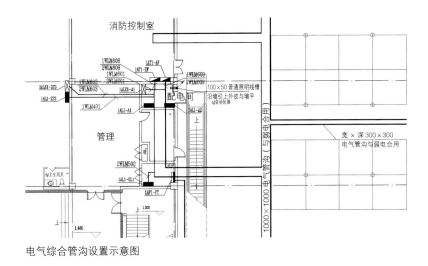

电气综合管沟设置示意图

（2）照明设计

1）展厅基础照明设计采用大功率深照型金卤灯均匀布置。

2）展厅照明控制采用分布式智能照明控制系统等新技术，对展厅的照明进行智能控制，达到营造良好的光环境、延长灯具寿命及节约电能的目的。

（3）消防设计

1）展厅人员密集，消防设计是重中之重。

2）展厅等高大空间设置红外光束感烟探测器、吸气式烟雾报警系统及智能图像型消防水炮系统，达到对火灾的早发现、早预警、早处理的目的，减少安全事故的发生。

3）在展厅疏散通道地面设置有灯光型疏散指示标志，顶棚设置大功率 LED 应急灯。

04/ 应用效果

在当今高速发展的社会，会展产业已经从一种新兴产业高速发展到炙手可热的地步，它通过开展发布前沿商品展示、综合经贸洽谈、共享信息交流以及承办各种国际国内会议等多种业务，已然成为城市经济发展的"发动机"。

十堰国际会展中心是十堰市规模最大的建设项目之一，项目建成后，不仅填补了十堰大型会展中心的空白，还将更好地推动十堰市对外开放、招商引资工作以及投资贸易、科技、文化、信息等方面的交流与合作，真正使十堰的各种优势转化为经济优势，为十堰经济的发展增添新的动力。该项目自 2017 年投入使用以来，已连续举办了 4 届全国汽车汽配交易会及大型展览、会议 50 余次。

肃宁北职工活动中心

01/ 项目概况

  肃宁北职工活动中心项目位于河北省肃宁县育才街与神华大道交汇处，神华路以南，肃宁县纬北路以北，育才路以西。该工程总建筑面积 19926.01m²，其中地下建筑面积 6418.0m²，地上建筑面积 13508.01m²。建筑层数、高度：地上 3 层，地下 1 层；建筑总高为 19.100m。

02/ 设计理念

  充分体现现代化职工活动中心特点，注重人文关怀，尊重地方特色。建筑整体造型理念来源于"手风琴"的造型，通过玻璃与墙体的虚实结合来传递建筑特有的音乐节奏感。

  职工活动中心设计的宗旨是为职工提供一个可游、可赏、可玩、可学的环境，比如地下大面积的室外庭院，就大大丰富了空间的体验感，同时给地下带来了足够的自然采光。建筑造型充分体现优雅、自由、活力，通过艺术造型及不同材质的搭配，注重细节材料的运用，仔细推敲窗墙比例关系及色彩明暗的搭配，打造一个现代、高科技、可持续发展的活动中心。

项目实景图

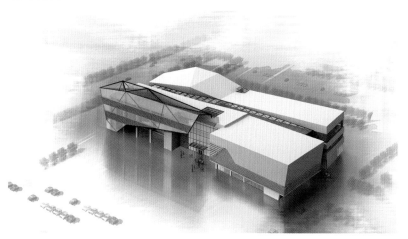

展开的风琴

地下一层景观花园

03/ 设计亮点

1. 结构

合理选择结构体系，抗震性能化设计，满足建筑造型需求。

该建筑主体结构长约 117.7m，宽约 54m，地下 1 层，地上 3 层。其中地下一层层高 5.1m，地上一~三层层高 5.1m，结构总高度 16.8m，框架结构。主体结构设计使用年限为 50 年；地面粗糙度类别为 B 类；抗震设防烈度 7 度（0.10g），设计地震分组第一组。建筑结构安全等级为二级，结构重要性系数为 1.0；地基基础设计等级为丙级；抗震设防类别为标准设防类（丙类）；钢筋混凝土结构抗震等级为二级；地下室防水等级为一级。

通过对建筑的平面布局及使用功能的分析，该工程的结构柱网主要以 7 ~ 9m 为主，仅在景观花园、入口大堂、羽毛球馆及篮球馆等处的跨度接近或超过 20m，局部属于大跨度结构。另外，结构的竖向构件从下至上均是连续的，没有刚度突变，且地上只有 3 层，房屋总高度仅有 16.8m，采用钢筋混凝土框架结构可以满足要求。对于大跨度结构，一般有以下几种结构形式选择：预应力混凝土结构、钢结构、钢骨混凝土结构。

采用预应力结构方案可以保持大跨度梁混凝土处于不开裂工作状态，减少因混凝土裂缝开展造成的结构刚度退化概率，对结构的整体安全性有积极作用。该工程采用梁板式筏形基础，筏板厚 500mm，基础埋深 5.75m。基础混凝土强度等级 C40，主筋等级 HRB400 级。

结构数据

计算振型数	有效质量系数	X 向剪重比	Y 向剪重比	X 向位移角	Y 向位移角	周期（s）	最大位移比
9	X：99.5% Y：99.83%	3.19%	3.15%	1/1441	1/1232	T_1：0.750 平 T_2：0.727 平 T_3：0.701 扭	X：1.10 Y：1.19

2. 暖通空调、给水排水、电气

（1）暖通空调专业

该项目冷源采用螺杆冷水机组，冷水供 / 回水温度为 7℃ /12℃。热源由水源热泵机组提供，经换热机组换热后分别供给散热器、地板辐射供暖和风机盘管系统。空调水系统采用一级泵变流量两管制系统，在空调机组分支上设置动态平衡阀，以适应流量变化。根据建筑使用功能，选择了不同的空调系统形式。入口大堂采用全空气定风量空调系统，旋流风口上送风、下回风；景观花园设置分层空调，在人员活动区域设置全空气系统，侧送风、同侧下回风；其他房间均采用风机盘管和新风系统。篮球馆兼作羽毛球馆，考虑高大空间及羽毛球馆空调风速要求，设置立式风机盘管和新风系统，并在房间顶部设置排烟排风共用的变频风机，用于过渡季节全新风运行时的通风。

大空间采用地面辐射供暖系统，地面温度均匀，舒适度高，且高效节能；人员密集场所设 CO_2 浓度传感器，保证室内空气品质及节能运行。

（2）给水排水专业

生活给水由自备井直供，根据自备井水的水质报告，园区内设置净水工艺设备用房，经曝气、过滤、除砂、除金属离子、消毒后，达到饮用水标准。排水经化粪池处理后排至市政管网，消防给水由消防水池供给室外消火栓系统、室内消火栓系统及喷淋系统供水。电气机房设置了气体灭火系统。

篮球馆（16.8m）作为高大空间，未设置吊顶，综合考虑美观及安全等因素，场馆上敷设管道影响场馆高度，无法设置自动喷水灭火系统，故采用消防水炮系统，以满足体育场馆的消防安全及使用功能。

地下室作为职工浴室，设置了多个温泉泡池及淋浴区。温泉水系统水源来自于地下，经园区水源热泵机房输送到各用水点，根据水质报告，选择相应的水处理工艺，在进行过滤、除砂、消毒等净化工艺处理后供给温泉池及淋浴系统。温泉水给水系统设计，除要满足供水量需求以外，还要同时满足用水点压力，解决冷热水的压力平衡问题，防止出现冷热不均现象，同时要方便运行及检修；泡池区温泉水的出水口设置要考虑舒适度，避开人员密集区，设置在池壁上方 0.2m 左右。给水口的材料选择耐腐蚀、不变形和不污染水质的材料制造。

3. 电气专业

该项目电气专业设计包括以下内容：10kV/0.4kV 变、配电系统，电力系统，照明系统，防雷接地系统，火灾自动报警及消防联动系统，安全技术防范系统，有线电视系统，计算机网络系统，通信网络系统，综合布线系统。

在地下一层引入两路 10kV 电源，10kV 为单母线分段运行，中间设联络开关，两路电源同时工作，互为备用，每一路 10kV 电源均能承担楼内全部二级负荷用电。变压器总装机容量 1260kVA。采用 220V/380V 放射式与树干式相结合的方式，分区域供电，针对比赛场地、器械场地、多功能厅等位置独立供电。

引入楼控系统对新风、水泵等设备进行统一控制管理。

在首层篮球场地设置计分及信息显示系统，为举办篮球、羽毛球比赛提供智能化计分服务。

多功能厅设置智能会议系统。

地下室精装后采用智能照明控制。

电气节能措施：

（1）采用三基色直管或环形荧光灯节能型光源或 LED 光源。

（2）各区域照明照度标准及功率密度值按现行国家标准《建筑照明设计标准》GB 50034 执行。

（3）采用变压器低压侧电容器集中式补偿，将功率因数提高至 0.9 以上。

（4）照明、插座分别由不同的支路供电。

（5）选用绿色、环保且经国家认证的电气产品。

（6）风机、水泵等设备采用国家标准的 2 级能效产品。

（7）单相负荷尽可能均匀平衡分配到三相系统中，以减少电压损失。

职工浴池现场图

立式风盘节点

04/ 应用效果

该项目建成后为肃宁北职工活动的主要基地，是区域亮化工程亮点。建筑既展现了丰富的塞北风貌，同时给予了员工休闲娱乐的集中场所，成为肃宁不可或缺的社交通道。内部的景观中心，以绿植为主，是市民们休闲休憩的绝佳场所，同时也呼应了第四代建筑，使城市变成森林，使人类活动与自然契合并和谐共生。

夜景实景照明图

中庭实景图

二层走廊实景图

健身中心实景图

景观中心实景图

Cultural and Sports Buildings,
Gymnasium

文体建筑类 · 体育场馆

鄂尔多斯市体育中心及市体校训练馆改造工程

乌兰察布体育场改造工程

新建七宝沪星体育活动配套中心

鄂尔多斯市体育中心及市体校训练馆改造工程

01/ 项目概况

    该项目位于康巴什区北侧，东康快速路南出口。对外交通主要依靠快速路及其延长线，附近居民较少，距离康巴什中心区约5.5km。项目场地内部路网发达，能满足国际赛事的人员疏散需求。

02/ 设计理念

1. 设计理念·光之印象

    光是空间的灵魂，灵活利用光线可以提升场地价值。项目场地对外的实墙可局部开窗、开门，根据流线设计选择位置。

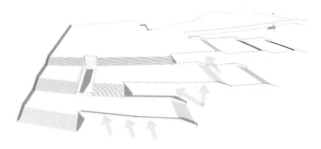

光照分析图

场地位于体育场东侧，上午日照条件较足，考虑局部设计 3 ~ 5m 的玻璃幕墙，幕墙形式与体育馆呼应，简单大方，透光透绿，增加通风，提高健身、训练的环境品质。

2. 设计理念·绿之怡情

场地位于一层，墙外有绿化带，墙体可以开门窗，透绿增彩，营造舒适的入口空间。运动员可在房间内欣赏到窗外绿树美景，有美好的运动体验。

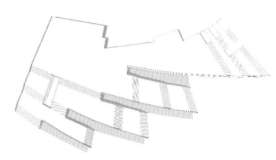

绿化分析图

入口景观乔灌草搭配，注意植物层次与四季观赏价值，可在绿地中放置与民族文化相关的雕塑，增加景观可读性。

3. 设计理念·材之持续

选用环保建筑材料，减少甲醛排放量；考虑使用导光管系统，为训练馆增加自然光；建筑保温做足，在合理的前提下，减少热交换，冬暖夏凉；选用节能窗、节能灯，并利用太阳能，场馆整体节能减排。

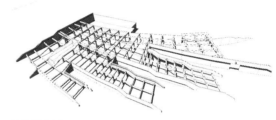

结构示意图

4. 场地和建筑

原设计灵感来源于金色马鞍，是对蒙古族的文化诠释。体育场外侧以金色、银白色为主色调，点缀彩色；内部以红色、深灰色、白色为主。

整体色彩搭配充满朝气，蓬勃如朝阳，感情浓烈，配以蓝天白云，画面绝美，金色马鞍也像一轮太阳。

本次改造内装考虑呼应主题色，并点缀其他色系，以免单调。

建成实景

03/ 技术亮点

1. 暖通空调

采用城市市政热力提供的热水作为供暖系统的热源，一次供/回水温为90℃/70℃，二次供/回水温为85℃/60℃。在现有制冷机房内设置供暖热交换系统。采用整体式板式热交换机组，设备成套配置各类阀门、自控元器件，设置气候补偿器，可根据室外气象参数自动调节一次水流量，达到节能效果。考虑到严寒地区的特点，散热器供暖系统换热器及循环水泵以及自控系统均采用1用1备方式，提高系统的可靠性。散热器供暖干管采用水平异程系统，采用铸铁型散热器，落地明装。分区域设置分支及分段阀门，便于运行时灵活使用。每组散热器供水管设置自力式两通恒温调节阀，回水管设带调节功能的关断阀，以满足分室调节分室控温的要求（楼梯间及门厅等有冻结危险区域的散热器除外）。

过渡季节，为满足场馆供暖需求，设置变制冷剂流量多联分体式空调系统。空调室内机、室外机冷媒管道均做保温，保温材料均采用难燃橡塑海绵。

多联机系统空调末端室内机配独立开启，且能达到温湿度、风速调节的室温控制器。

2. 给水排水

体育场为双路供水，扩建部分从环管上引出一路DN65给水管。均采用市政直供。每个训练馆单设水表计量。给水管道采用S304不锈钢，环压连接，保障较好的水质。

运动员淋浴室供应热水，受资源限制，只能采用电热水器。每个训练馆淋浴室采用1台36kW、455L的电热水器。热水管道材质连接方式同给水系统。电热水器必须有保证安全使用的装置。生活热水是体育比赛和正常训练的必需品，是基本的体育赛事需求，保障赛事的基本需要。

每个训练馆设直饮水机，有开水、温水供应，满足运动员和工作人员不同的需要。

生活污水、屋面雨水排水排入体育场污水管道、雨水管道。

消火栓系统、自动喷水灭火系统水源均来自一期已建成部分，可满足使用需求。

3. 电气及智能化

该工程作为公共活动场所，安防设计尤为重要。其中，射击馆涉及枪械弹药的使用，为监控系统的重中之重，具体采取的设计措施如下：

（1）在射击馆各出入口、枪械库、弹药库、安全员值班室出入口设置一体化快球彩色摄像机，在射击馆内四周设置枪型彩色摄像机，达到无死角监视。摄像机具备报警跟踪功能和红外夜视功能，夜视有效距离为 30m。

（2）监视系统既能手动又能自动操作，对摄像机、云台、镜头、防护罩等的功能进行遥控，控制效果平稳、可靠。能手动切换或编程自动切换，对视频输入信号在指定的监视器上进行固定或时序显示。

（3）监视系统具有与安防系统联动的接口，当安防系统向视频系统给出联动信号时，系统能按照预定工作模式，切换出相应部位的图像至指定监视器上，并能启动视频记录设备，其联动响应时间不大于 4s。

（4）监视辅助照明与相应联动摄像机的图像显示协调同步联动，具有音频监控能力的系统具有视频音频同步切换的能力。

（5）记录的图像信息要包含图像编号／地址、记录时的时间和日期，监视图像信息和声音信息要满足资料的原始完整性，闭路电视监控子系统的硬盘录像机影像存储时限不少于 30 个日历天。

（6）监控中心有保证自身安全的防护措施和进行内外联络的通信手段，并设置紧急报警装置，且留有向上一级接处警中心报警的通信接口。

（7）监控中心出入口设置视频监控和出入口控制装置，能清晰显示监控中心出入口外部区域的人员特征及活动情况。

（8）监控中心内设置视频监控装置，能清晰显示监控中心内人员活动的情况。

（9）对设置在监控中心的出入口控制系统管理主机、网络接口设备、网络线缆等采取强化保护措施。

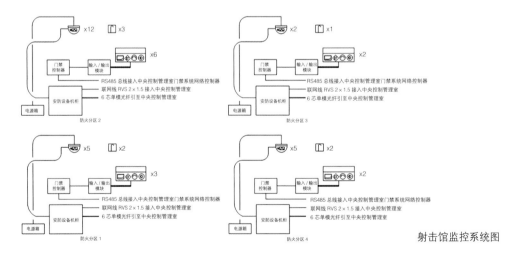

射击馆监控系统图

04/ 应用效果

建成实景图

室内效果图

乌兰察布体育场改造工程

01/ 项目概况

该工程位于内蒙古乌兰察布市内，建设单位为乌兰察布市体育局，项目地上总建筑面积 44348.14m²，分 4 个单体：体育场、训练场、轮滑场、网球场。项目目标为举办全国性和单项国际比赛的甲级大型体育场。其中主场地面积 21098.56m²，训练场面积 11586.17m²。轮滑场面积 5025.82m²。网球场面积 6220.09m²。

体育场

轮滑场实景

02/ 设计理念

1. 创新构思

  该项目为老旧场馆改造，原场馆旧址为乌兰察布老体育场，由于建成年代久远，导致该场地使用功能、防火疏散、场地现代化三个方面都不能满足现阶段使用要求。

  经考察，原场地现状过小且无标准尺寸比赛场地，场地布置不全且十分松散，不能满足举办全国性和单项国际比赛的要求。

体育场改造前

2. 场地和建筑

原场地主要存在以下问题：

（1）场地地坪过高，导致后排观众席观看不到赛场中心的比赛项目。

（2）交通不便。

（3）国旗位置偏置，从主席台观看不到升旗仪式。

（4）场地积水并倒灌至体育馆办公区。

（5）现场电子设备老化，不能计分及转播比赛。

（6）照明缺乏，夜间举办比赛及开幕式等活动受限制。

改造设计主要从以上问题为出发点，进行合理规范化的设计。

（1）拆除场地四周固定栏杆，尽可能扩大场地至现状体育馆外墙面，使场地面积可以满足综合排布田赛径赛场地，保证比赛项目场地齐全完整，场地面积满足规范要求。

（2）调整国旗位置，采用锥形不分段旗杆，满足体育设施规定且增加庄严感。3个国旗杆均设吹风，以增强录播过程的整体效果。

（3）平整场地，在满足各场地坡度要求的基础上，设计采用龟背式排水方式，在场地内外圈设两条排水沟，解决积水及倒灌问题。场地地面严格按照规范布置塑胶及草坪。

体育场局部图

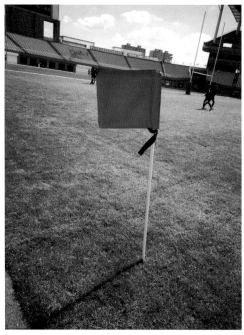

改造后草坪

大屏幕实景图

（4）更换现代大屏幕显示屏一块，基础以上同时更换箱体、空调等，使比赛和转播同时进行，整个赛程更清晰明了，方便裁判员评定分数。增加灯具及夜景照明设计，满足夜间比赛照度需求，提高场地利用率。

03/ 技术亮点

1. 给水排水

足球场供水采用标准 24 喷头喷水，喷洒半径不小于 23.5m，尽量减少场地内喷头数量。并沿外侧跑道设置 6 个跑道冲洗龙头和 4 个泄水阀门。同时设置喷洒用水泵房，容积 150m³，上水泵 2 台，1 用 1 备，每台泵 Q=23.04L/s，H=72m，保证供水安全。

场地排水设置内外环沟，雨水下渗至盲管汇集至内侧排水沟，内外环沟排水坡度 5‰。排水沟节点位置设置沉沙井，沉沙井底比沟底低 300mm。盲管支管采用 De110 的打孔塑料管，支管间距 7m，干管为 De450 双壁波纹管。采用龟背式排水。网球场在长边设排水沟排水。

给水采用标准 24 喷头，尽量减少对体育场的影响。对场地浇洒全覆盖的同时采用高性能节水喷头节水。合理设置泄水井，冬季泄水，保证管道冬季不冻结。上水泵 2 台，1用 1 备，保证供水安全。龟背式排水保证排水通畅，在小雨情况下，不影响正常足球比赛。

2. 电气及智能化

为满足比赛使用要求，该工程场地照明、计时记分电子显示系统及扩声系统具体采取如下措施：

（1）比赛场地照明采用LED投光灯，选用高效光源，节能型灯具，足球比赛场垂直照度不小于1400lx，田径比赛时径赛跑道及田赛区域垂直照度不小于1000lx，眩光指数控制在50以下。

（2）在主体育场场地南面设置LED电子显示屏（大屏），用于显示比赛有关文字、记分、计时、公布成绩。大屏幕显示系统与计时记分系统相连，采用通信线路传输信号。根据竞赛规则，和竞委会对比赛的编排，对比赛全过程产生的成绩及各种环境因素进行监视、测量、量化处理、显示公布，同时传送到成绩统计系统和技术分析处。

（3）扩声系统主要由扬声器、功率放大器、调音台、话筒、音源等设备组成，扬声器包括固定音箱、流动返送音箱、控制室音箱、监听耳机等，分别安装在马道、场地、音箱控制室等处，扩声系统兼作火灾应急广播，具有强制切入消防应急广播的功能。

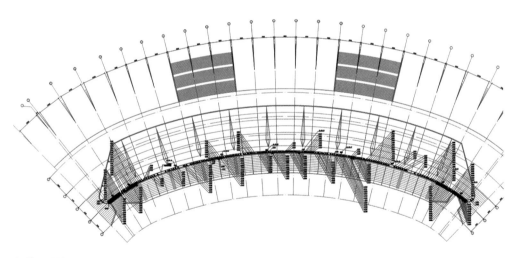

场地照明平面图

04/ 应用效果

体育场改造后实景图

新建七宝沪星体育活动配套中心

01/ 项目概况

　　该项目位于上海市闵行区七宝镇，建设目标是进一步提升七宝镇公共体育服务水平，促进全民健身事业发展，提高闵行区社区公共服务能力。地块呈长方形，项目总建筑面积 13160 m²，主要为 2 栋体育活动综合楼及附属配套工程，建成后当地将拥有设施完备的体育锻炼场所。

02/ 设计理念

　　注重景观，打造"体育公园"。

　　该项目基地南侧为唐家浜，利用基地优势，创造优美的滨河景观。建筑尽量贴基地北面和东面布置，留出南向绿化，并结合建筑的屋顶花园、周边景观的精心布局，形成绿地绿化、花坛绿化、硬地广场等景观元素，共同组成良好环境，在有限用地条件上，尽量利用建筑间的场地空间布置绿化。

鸟瞰图

03/ 技术亮点

1. 结构和材料

（1）地下车库采用现浇钢筋混凝土框架结构，顶板采用现浇钢筋混凝土梁板结构，底板、外墙及室外部分顶板采用密实抗渗混凝土。抗渗等级为 P6，抗震等级为三级。

1、2号楼设防烈度为7度（0.10g），场地土类别为Ⅳ类，设计地震分组为第二组，特征周期为0.9s。1、2号楼均为框架结构。结构阻尼比为0.05（钢结构0.04）。

1号楼结构层高表

楼层	层高（m）
地下一层	5.15
一层	4.50
二层	4.50
三层	4.50
四层	4.50
五层（屋面）	4.50
小屋面（局部突出屋面）	3.60

右侧结构层高表

楼层	层高（m）
地下一层	5.15
一层	8.00（4.00m处设夹层）
二层	8.00（4.00m处设夹层）
三层（屋面）	7.30（3.65m处设夹层）
小屋面（局部突出屋面）	4.000

（2）嵌固端设在地下室顶板±0.000处。地下室埋深5.60m。

（3）地上分为1号楼、2号楼和3号门卫三个部分。其中1号楼、2号楼和地下一层连成整体，门卫和地下一层脱开。

（4）由于2号楼一～三层设置了局部夹层，所以采用了两个模型进行分析：一个模型是把夹层看作一层，共6层（局部7层）进行设计；另一个模型是不把夹层看作一层，用层间梁来输入，共3层（局部4层）进行设计。

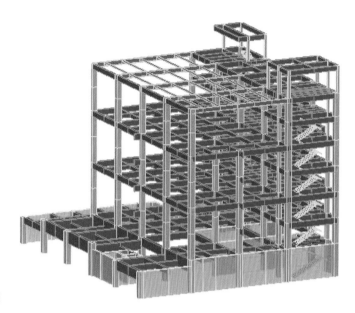

2 号楼结构三维示意图

2. 暖通空调

该项目空调系统采用变制冷剂流量多联机空调系统加单独新、排风系统，各层分开设置，便于管理，利于节能。新风经过全热交换器回收排风冷量后送入室内。

（1）空调室外机选择热泵设备，室内机、室外机容量配比系数考虑100% ~ 110%。空调室外机设置于各层设备平台；采用中静压风管型室内机；空调冷凝水集中排放。

（2）各空调房间均设置温度自动控制，选用高效率变制冷剂流量多联机空调设备，综合能效系数 IPLV 均达到 4.32 以上，空调冷媒采用环保冷媒。

（3）新风在与排风进过交换后送入室内，全热交换器热回收温度效率：制冷达到60%，制热达到 65%。

（4）所有大设备的运转部分都采用减振基础、弹性支吊架、软接头等措施，在适当部位安装消声器，以降低空调通风系统的噪声，所有空调机房的内墙由建筑专业做隔声处理。

（5）羽毛球、乒乓球场馆主要区域风速不超过 0.2m/s，符合设计规范和体育工艺的要求。

3. 给水排水

该项目给水排水设计范围包括基地内各单体以及总体工程的给水排水设计、消防设计。

（1）给水排水：生活水源采用市政自来水，一层及以下为市政供水，二层及以上由地下室水泵房内生活变频泵组加压供水，水泵房内设置一座生活蓄水池。设置集中热水系统，热源为太阳能电辅助加热，满足节能要求。屋顶设置冷热水箱，热水管网设置机械循环。

各单体室内采用雨、污分流，污、废合流的排水系统。卫生间排水立管设置专用通气立管。地下车库内废水经隔油沉砂池处理后由潜水泵排至室外。各单体屋面雨水排水设置雨水排水立管排至室外。

（2）消防：消防水源采用市政自来水，由市政提供2路供水引入管，形成室外消防环管提供室外消防用水。

室内消火栓系统采用临时高压制，于地下室消防泵房内设置一套室内消火栓加压泵，消防屋顶水箱设置于最高一栋建筑屋顶。

各单体合用一套室内临时高压自动喷水灭火系统，地下室消防泵房内设置消防喷淋泵。

4. 电气及智能化

该项目电气专业设计范围包括强电部分（变配电系统、电力系统、照明系统、防雷与接地系统）和弱电部分（火灾自动报警及联动控制系统、通信网络系统、有线电视系统、安防系统）。室外配电干线电缆采用铠装电力电缆，直接埋地敷设。室内配电干线采用铜芯阻燃电缆，放置在封闭的电缆桥架上。电缆桥架为喷漆金属桥架，电缆在桥架中集群走线。消防设备配电干线采用矿物绝缘电缆。该工程建筑物电子信息系统雷电防护等级为C级。羽毛球、乒乓球场馆内无自然光和反光，且照度符合羽毛球活动的要求。为避免眩光和对视觉产生影响，灯光不置于场地上方或后方，灯光沿场地两边安置。

电气站房位置示意图

04/ 应用效果

  随着上海市闵行区、七宝镇的经济发展和人民生活水平的不断提高，城乡居民的锻炼意识也不断增强，体育服务需求日趋旺盛。七宝沪星体育活动配套中心的建成，将进一步提升七宝镇公共体育服务水平，促进全民健身事业发展，使百姓拥有专门的镇属体育锻炼场所，同时也提高了闵行区社区公共服务能力。

乒乓球馆

羽毛球馆

实景外观

Educational Buildings,
Higher Education

教育建筑类 · 高等教育

上海戏剧学院新建浦江校区
泰州职业技术学院中国医药城新校区
枣庄应用技术职业学院
安徽中医药高等专科学校后勤综合楼
北京大学昌平新校区1号、2号阶梯教室改造

上海戏剧学院新建浦江校区

01/ 项目概况

　　上海戏剧学院新建浦江校区总用地面积 99791m²，总建筑面积 139689m²（其中地上建筑面积 125689m²，地下建筑面积 14000m²）。该项目建设内容为：基础教学楼、电影电视学院楼、创意学院楼、图文信息中心、实训中心、校行政楼、食堂、体育活动中心、教工宿舍、学生公寓及地下人防兼车库等。

02/ 创意构思

1. 设计概念以"浦江源"为核心，提出"汇聚、孕育、释放"的理念

因为汇聚，所以设计中提倡融合入的空间，将原本分隔的单体建筑通过连廊、下沉广场等交融在一起，创造校园交互共享的环境。因为孕育，设计提倡将戏剧这一文化特色植入未来的校园环境中，经过精心安排的演艺空间形成

鸟瞰图

一个演艺网络。因为释放，校园面对城市形成一种更加开放的状态，并在校园形象上表现出当代的风貌。

效果图

2. 多方位的架空

屋顶露天剧场、屋顶戏剧沙龙的架设，建筑内部的共享中庭、交流空间，为戏剧学校的师生创造更多的人与人、人与建筑、人与自然互相交流的空间与平台，让艺术灵感在多样的空间中得以激发。

屋顶花园

架空效果图

3. 校园建筑色调承袭上戏传统色系，以红色为主色调，配以浅灰色

该项目主要建设内容包括基础教学楼、电影电视学院楼、创意学院楼、图书馆、剧场、校行政楼、餐饮体育活动中心、师生公寓楼及地下人防兼车库等建筑。设计上也突出了使用功能——主体建筑尽显电影电视的特点：有室外可以进行影视表演和放映的巨型露天剧场，有室内剧院、室内大中小摄影棚、放映厅、录音棚、试听实验室、演播室；有体现上海戏剧学院作为国际一流平台型艺术类高校优势、与国际接轨特点的同声传译会议中心、国际沙龙；还有功能齐全配套完备的体育馆、健身房等。

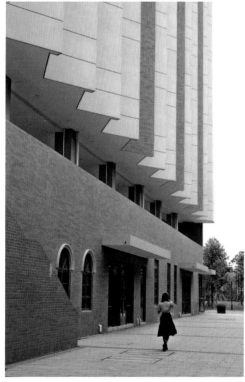 

色系实景图

4. 室内延续建筑语言

整体以简洁现代，突出使用功能，并结合戏剧学院特性，体现文化内涵。

室内实景图

室内效果图

5. 场地和建筑

浦江源应是如水一样的校园，有分有聚，并具备很强的流动性，故在规划理念上，运用流动的景观创造独特而丰富的空间体验。流动的景观同建筑完美结合在一起，共同形成上海戏剧学院浦江源。浦江校园内具有大量的演艺空间、放映厅、排练厅、室外剧场等，这些空间赋予这座校园最强烈的性格—— 一个综合的实训中心，考虑将这些空间设计成一个互相联系的网络，这个系统具备便捷的流线连接，呼应的视线连接，以及和室外景观的结合，共同汇聚成浦江源。基于对建筑功能的分析，对建筑进行了重新组合，将电视电影学院和图文信息中心合并成一个学院综合体，与实训中心相连。将体育运动中心、食堂与学生教工公寓合并形成师生的生活组团。将行政楼、创意学院与基础教学楼组合形成学校的教学实验区。

03/ 技术特点

1. 结构和材料

建筑要求大空间、大层高，使用功能复杂，经多方案比较，上部结构采用钢支撑－钢筋混凝土框架结构，混凝土框架部分承担的地震作用，按框架结构和支撑框架结构两种模型计算，取二者的大值。钢支撑－混凝土框架的层间位移限值按框架和框架－抗震墙结构内插。对专业教室、排演厅等对隔声设计要求较高的房间，采取相应的围护结构隔声措施，如带有浮筑楼板的"房中房"结构，有效提高围护结构的空气声和撞击声隔声能力。从结构荷载的角度考虑，上述用房的"房中房"结构的外墙体采用混凝土实心砌块砌筑，内墙采用满足隔声要求的多层轻钢龙骨石膏板构成的轻质墙体。地面在结构楼板上设置混凝土浮筑楼板，内侧轻质隔声墙体与结构墙体进行声学连接，避免刚性连接导致的隔声性能降低；顶部在结构楼板下做轻钢龙骨石膏板构成的轻质隔声顶，整体构成"房中房"体系，以有效地隔离周边空气声和固体声的传播，满足对噪声和振动隔离的要求。结构设计时，将根据建筑具体的隔声设计要求，考虑相应的荷载及做法。

2. 暖通空调

该工程设置楼宇自控系统（BAS），统筹控制集中空调设备的启停和运转情况。采用分散控制、集中中央监视方式（用中央监视盘进行启停、监视、计测、设定变更等操作）。为提高运转效率，采用DDC（直接数据控制）方式、电气式、电子式等对各空调设备进行自动控制管理。空调机组可根据负荷变化自动调节供冷（暖）量，空调末端设备可以由温控器调节冷量的需要，从而节约能量。教室、工作室等区域的变制冷剂流量多联机空调机组，自带相对成熟的控制系统，可根据室内负荷和温度要求自动调节内机制冷剂供应量，并调节室外机的启闭和出力。

影院、剧场、摄影棚等部分高大空间区域，在空调冷（暖）媒介为冷（暖）水的前提下，室内空调末端设备均采用独立的集中式全空气空调系统，设有专用空调机房，由集中的空调箱、送（回）风管、新（排）风管、多级消声装置和各种风口配件等组成空调风系统；采用顶送散流器或旋流送风口，回风口集中设在顶部或下侧墙面上。加上外墙防水新风口和室内百叶排风口等，构成完整的公共空间气流组织形态。

7号剧场观众厅采用上送风气流组织形式，同时在下部设置回风口进行上回风和排风，加上外墙防水新风口和百叶排风口等，构成完整的音乐剧排演厅气流组织形态。

其他小型空间（办公、会议室等），采用半集中式空调系统，各层分别设有集中的新风空调机组及新风空调系统，分室设置风机盘管，并设有新风风管和各种风口配件等；采用平顶门铰百叶滤网回风口，或双层百叶侧送风口或散流器等，构成各自空间的气流组织。

教室、食堂等声学噪声控制要求一般的房间考虑采用变制冷剂流量的联机空调系统，室内可结合装修分别设置暗藏风管式室内机组，分区域集中设置直接蒸发式新风机组，而接至各房间的新风支管上设置有消声器和消声弯管等消声装置，以减少各房间之间的窜声影响。

3. 给水排水

该项目地下一层至一层由市政供水管直接供应，二~十层生活用水由变频给水设备供应，二~七层为低区，八~十层为高区。在4号楼一层设有生活水泵房一个，泵房内设有 135m³ 不锈钢生活水箱一只（分两格，生活水箱储水量不小于变频给水设备供水区域内总用水量的 40%)，恒压变频给水设备两套（低区 $Q=79m^3/h$，$H=56m$；高区 $Q=26m^3/h$，$H=67m$），供应新建宿舍二~十层。为防止水泵频繁启动，恒压变频给水设备配置 300L 隔膜罐一个。

室外雨、污水分流。雨水量按上海市暴雨强度公式计算。重力流排放屋面按重现期按 5 年设计，5 分钟降雨强度为 529L/（s·hm²）；屋面溢流按总排水能力不小于设计重现期 50 年设计，5 分钟降雨强度为 754L/（s·hm²）；虹吸排放屋面按重现期 30 年设计，5 分钟降雨强度为 744L/（s·hm²）；屋面溢流按总排水能力不小于设计重现期 50 年设计，5 分钟降雨强度为 805L/（s·hm²）；汽车坡道按重现期 100 年设计，5 分钟降雨强度为 888L/（s·hm²）；室外按重现期 5 年，径流系数 Ψ=0.65 设计。该工程部分屋面雨水采用重力流排放，部分屋面采用虹吸排放。室内屋面设有雨水口、雨水管，室外道路边适当位置设有平箅式雨水口，室外雨水管汇合后排入市政雨水管网。设有雨水回用系统，收集室外道路及屋面雨水，采用初期流量弃流方式，雨水过滤处理后供应整个校区道路绿化浇洒用水。采用室内外排水相结合雨水排水系统。室内屋面设有雨水口、雨水管，室外道路边适当位置设有平箅式雨水口，室外雨水管汇合后排入北侧学亭路及南侧昌林路雨排水管。

雨水外排采取总量控制措施，设计控制雨量不小于 11.2mm。雨水管网末端封堵蓄水，水泵直接抽取管网中的雨水回用于绿化浇灌等。结合规划设计，合理规划地面与屋面雨水径流，对场地雨水外排总量进行控制，减少场地对外排水量，防止径流外排到其他区域形成水涝与污染。

热水管道

4. 电气及智能化

两路 10kV 中压主接线采用单母线分段不加联络方式；两路电源同时供电，互为备用，当一路电源或一侧线路发生故障时，另一路电源和另一侧线路不致同时受到损坏。变配电所低压主接线采取单母线分段型，中间设母联，母联开关采用手动联络方式；低压侧主开关和母联开关采用电气加机械的连锁方式，平时各段分列运行，变压器日常负载率为 75% 左右，当一侧电源和变电设备检修或故障时，另一侧电源和变电设备可带全部一、二级负荷。

电气机房

智能化系统终端设置标准

综合布线系统

设置场所名称	语音点	网络点
休息室	1	1
教室	按每个讲台预留一个语音网络点	
办公室	按每个工位或每 $10m^2$ 预留一个语音网络点	

有线电视系统

设置场所名称	有线电视	—
会议室	每间 1 个	—

有线广播系统

设置场所名称	背景音乐兼消防广播扬声器	—
走道，公共区域	每 10m 设一个	—

视频监控系统

设置场所名称	枪式摄像机	半球摄像机
底层出入口	—	1 台
电梯轿厢	—	1 台
电梯厅，楼梯口	—	1 台
消控中心	—	1 个

入侵探测系统

设置场所名称	入侵探测器	紧急报警按钮
重要设备机房	1 台	—
消控中心	1 个	1 个
残卫	—	1 个

电子巡更系统		
设置场所名称	巡更点	—
楼梯口，出入口	1 台	—
重要设备机房	1 台	—
出入口控制系统		
设置场所名称	门禁读卡器	—
变电所	1 个 / 每扇门	—
消控中心	1 个 / 每扇门	—
电梯厅	速通门	—
重要设备机房	1 台	—

04/ 应用效果

学校投入使用后，获得了师生的一致好评，该校区定位为体制机制创新的影视新媒体教育中心，成为上海戏剧学院校区布局和功能定位中不可或缺的一部分。同时，校方也举办了多次与其他学校间的行业交流，来此参观的其他学校给予了高度评价。

项目实景

泰州职业技术学院中国医药城新校区

01/ 项目概况

　　该项目为泰州职业技术学院中国医药城新校区规划与建筑方案。选址于泰州中国医药城境内，规划用地面积约 1061 亩（约 707333.3m²）。设计规划在校学生 10000 人，教职员工 670 余人。实际用地面积约 54 万 m²，一期设计总建筑面积约 27.98 万 m²。实际本单位完成施工图涵盖建筑面积约 16.54 万 m²。

　　新校区总体规划以建设全国一流高等职业院校校园为目标，建设体现人与自然和谐共处风格的新型生态公园式校园。充分挖掘"泰州水文化"，创造有特色的校园物质环境，打造校园文化内涵。规划中力求做到校园可持续发展的生态结构，塑造沿空间主轴生长、沿生活水轴展开的优美校园空间形态，营造环境与心理高度和谐的行为空间。满足现代教学要求的整体式建筑群落及建筑景观一体化设计，在医药高新区校区建造一座富有教育校园文化品位的建筑，营造"碧水蓝天"的校园环境。

02/ 设计理念

1. 沿交流主轴生长

空间规划上，打造以场地水系的改造为基础、贯穿场地东西的创新轴，与主入口和湖面自然串联的南北轴线传承轴。建筑设计突破传统教学楼与地面的简单垂直空间关系，利用柱廊、下沉、屋顶平台等手法，让立体的校园空间具有了流动性和交流性，最大化丰富了学生的交流活动空间。

柱廊、交流大台阶

2. 沿生活水轴展开

　　充分挖掘泰州水文化，重新设计场地水系，打造以水文化展开的生活空间。校园空间设计分为数个组团，层层生长，多样复合。沿场地内水系设计活体水面和生态走廊，形成共享生态区，是校园景观主题和学生活动重要场所。各功能建筑用连廊连接，形成各具特色的庭院空间，完成从室内空间到公共活动空间的过渡，营造舒适的学习、休息和交流的室外空间。

生活水轴

3. 绿色生态

绿色建筑设计理念贯穿整体设计。建筑景观一体化设计：各教学楼设置屋顶绿化，与水体景观相互呼应，形成赏心悦目的景观阶梯，塑造满足现代教学要求的整体式景观建筑群落。被动式设计：建筑采用适应当地气候条件的平面形式及总体布局，利用导风墙、廊架、架空、绿色材料设计，使建筑各组成部分尽可能以自然的方式运行，降低建筑能耗。

校园景观

4. 传承创新

建筑设计秉承传承与创新的核心理念。研究高等教育校园规划手法与东西方校园开放空间策略，奠定校园核心区域教学区、实训区基调。教学区严谨庄重，打造轴线分明的共享空间，视为传承；实训区流动拓展，打造平等、自由、交流、学习的氛围，视为创新。结合江苏泰州当地建筑颜色与现代校园色彩体系，体现校园的文化与严谨。

食堂与操场

03/ 技术亮点

1. 结构和材料

该项目由机电技术学院、医学技术学院、经济与管理学院、信息工程学院、制药与化学工程学院、建筑工程学院、艺术学院 7 个二级学院所属的行政办公楼、公共教学楼、实验实训楼、会议中心、艺术活动中心、培训中心等共计 20 多栋分布在不同区域的单体建筑组成，局部建筑之间用连廊相连；各栋单体建筑均为 5 层以下的多层建筑，屋顶高度小于 24m，只有医学技术学院和培训中心的局部达到了 8 层、7 层，属于高层建筑；大部分建筑无地下室，仅行政楼、培训中心和食堂局部设置了地下一层，埋置深度约 6m。

该项目建筑物抗震设防类别为标准设防类，结构安全等级为二级，结构的设计使用年限为 50 年，抗震设防烈度为 7 度，设计基本地震加速度值为 0.10g，设计地震分组为第一组；特征周期值为 0.45s，建筑场地类别为 III 类。工程地质除 17 号宿舍楼、医学技术学院、制药化工学院、机房网络监控中心、大学生发展与活动中心及机电学院属对建筑抗震不利地段外，其余均属对建筑抗震一般地段，无不良地质作用存在，不考虑液化影响，历史最高水位接近地表下 0.5m 左右，地基基础设计等级为乙级；基础形式均采用柱下独立基础或柱下条形基础，其中有地下室的建筑局部采用筏板基础；持力层为粉砂夹粉土，地基承载力标准值为 135 kPa。部分建筑根据结构要求，需要采用 CFG 桩进行地基处理。

该项目建筑物抗震设防类别为标准设防类，主要建筑的抗震等级如下：

（1）公共教学楼、网络中心、大学生活动中心、艺术学院、制药化工学院及大、小食堂均为现浇钢筋混凝土框架结构：框架三级。

（2）行政办公楼为现浇钢筋混凝土框架结构：框架三级（局部二级）。

（3）会议中心为现浇钢筋混凝土框架 – 剪力墙结构：剪力墙三级，框架四级。

（4）建工经管学院、机电电信学院为现浇钢筋混凝土框架结构（含少量剪力墙）：框架三级。

（5）医学技术学院为现浇钢筋混凝土框架 – 剪力墙结构：剪力墙二级，框架三级。

（6）培训继续教育中心分为：A 段现浇钢筋混凝土框架 – 剪力墙结构：剪力墙三级，框架四级；B 段现浇钢筋混凝土框架结构：框架三级；C 段现浇钢筋混凝土框架 – 剪力墙结构：剪力墙二级，框架三级。

（7）风雨操场为现浇钢筋混凝土框架结构：框架二级。

（8）建工实训中心、机电实训中心为钢框架结构：框架三级。

（9）南大门为现浇钢筋混凝土框架 – 剪力墙结构：剪力墙三级，框架三级。

（10）田径看台为现浇钢筋混凝土框架结构：框架三级。

特殊结构措施：尽管各个建筑单体均没有达到超高超限的相关条件，不用进行补充审查，但由于建筑功能和空间体形要求，部分建筑还是存在多处楼板开大洞不连续、跃层柱以及独立单跨多层连廊的情况，均属于对抗震不利因素，从概念上分析，应进一步判断安全风险并采取相应的补强措施，采用的具体做法为：对于楼板不连续、跃层柱，提高周围结构的抗震等级，按分块刚性板与弹性膜分别进行结构包络设计，同时用第二种结构软件（SAP2000）进行板的配筋复核并取大值，同时用弹性时程分析作为补充计算，根据分析结果将全楼地震力放大后重新计算并修改设计梁柱配筋，加大周围楼板厚度，采用双层双向配筋等构造加强措施，提高局部结构刚度，保证结构抗震的整体性；对于独立单跨多层连廊，在提高抗震等级的同时，采用性能化抗震设计，做到大震弹性的要求，从概念出发，补强结构体系的抗震性能和安全度，与相邻结构的抗震目标形成即不同又协调的关系，做到合理统一。

中庭、连廊与灰空间

2. 暖通空调

医学技术学院的特殊实验室、制药化工学院的 GMP、各种实训室等，预留排风竖井。各实验室的排风系统和通风柜排风系统均独立设置且应优先采用自然通风方式，当采用机械通风系统时，人均新风量不宜小于 $30m^3$ / (h·人)，物理、生物实验室人均新风量不应小于 $20m^3$ / (h·人)，且房间换气次数不应低于 $3h^{-1}$。使用强腐蚀剂的实验室，排除有害气体的排风机设置在室内时应设置机房，设备不得设置在送风机房内；排除有害气体的排风机房应设置通风措施，换气次数按照不小于 $1h^{-1}$ 计算。

会议中心、行政办公楼、大小食堂餐厅采用智能多联空调系统（VRV）。其他单体均采用分体空调，建筑专业预留室外机位置，电气专业预留分体空调电量。多联机采用变频技术，压缩机根据室内负荷的大小变频运行；末端风机盘管处设置温度传感器。

3. 给水排水

从市政引入两路给水管在场地内连通成环，满足地块用水需求。低区市政直供，高区由水箱加变频泵供水形式。分功能及业态设水表分级计量。设置水封及器具通气，保证排水畅通并满足卫生防疫要求。集中生活热水采用太阳能热水系统。

实验室的进水管上设减压阀控制给水水嘴的水头。排水管采用耐腐蚀性管材，实验室 的污水应进行处理达标后排放。

屋面雨水系统设计重现期 10 年，场地雨水设计重现期 3 年。为充分挖掘泰州水文化，重新设计场地水系，结合海绵城市设计要求，打造以水文化展开的生活空间。设置下凹式绿地、植草砖等设施增强雨水入渗，剩余雨水经调蓄池调蓄后沿场地内水系设计活体水面和生态走廊，形成共享生态区。

体育场主要由主场地、排球、篮球场、网球场等组成。场地排水采用排渗结合的方式，球场表面部分雨水和跑道雨水流入排水沟，部分雨水渗入草坪，通过渗透排水管汇入排水沟。根据场地外雨水管的情况，设 4 个排出口，分段接入附近雨水井。草坪每日至少洒水一次，在排水沟内设给水环管，在一定间距均布洒水栓，并预留自动喷灌系统接口及机房。

该项目按一次火灾进行消防系统设计。室外消火栓系统由市政直供，室内消火栓系统及自动喷淋灭火系统采用临时高压消防系统。不宜用水灭火的区域采用七氟丙烷气体灭火系统。

该项目给水排水节能减排措施主要是控制系统无超压出流现象，用水点供水压力不大于 0.20MPa，超出 0.2MPa 的配水支管设减压阀，且不小于用水器具要求的最低工作压力。选用的卫生洁具及用水设施均为节水节能型产品。公共卫生间洗手盆、小便斗采用感应式冲洗阀及冲洗龙头，蹲便器采用脚踏式自闭冲洗阀。所有给水排水管道、水泵房设计时考虑水流噪声和共振。水泵采用隔振措施，水泵出水管设弹性吊架，水泵房涂吸声材料。生活水泵房水箱及水泵进出水管及雨水、排水横干管设防结露保温。粪便污水经化粪池处理，厨房及食堂污水经隔油器处理。绿化浇洒采用微喷灌溉形式。

4. 电气与智能化

由市政外网引两路 20kV 高压电源，两路高压电源应来自两个不同的区域电站，以保证两路电源不至于同时故障。

电气与智能化设计内容

项目	内容
供电电源设计情况	两路 20kV 高压电源，两路高压电源应来自两个不同的区域电站
防雷设防类别及方式	二类及三类防雷建筑
动力内容	电力系统、照明系统、防雷保护、安全措施及接地系统
弱电设计内容	综合布线系统、校园广播系统、多媒体教学系统、信息发布系统、能耗管理系统、安全防范系统、火灾自动报警及消防联动系统
照明方式节能措施	大厅、走道照明采用智能照明控制，楼梯间采用声光控开关控制，其他区域照明采用就地分组分区方式控制
用电负荷等级确定情况	一级负荷：网络中心负荷用电； 二级负荷：消防设备、火灾自动报警系统、通信网络系统、应急照明、走道照明、电梯等； 三级负荷：其他动力及照明负荷

（1）供配电设计

1）共设置 4 处变电室，变压器的总装机容量为 17000 kVA（含一期和二期）。其中两处变配电室为宿舍区域供电，另两处变配电室为教学区域供电。

2）高压采用单母线分段运行方式，中间设置联络开关，平时两路电源同时分列运行，互为备用，当一路电源故障时，通过手/自动操作联络开关，另一路电源负担全部一、二级负荷。

3）除按当地供电部门要求的高压计量外，对单体用电设计量表。另外，商业部分按商户设置计量表。空调用电设置计量子表，以满足管理和节能要求。

4）分体空调采用现场智能插座控制。

（2）照明系统

1）光源：一般办公场所为三基色荧光灯，其他场所采用节能型灯具，有装修要求的场所视装修要求商定；灯具采用I类。光源显色指数 $Ra \geqslant 80$，色温在 3300～5000K 之间。统一眩光值（ UGR ）评价，不大于19。荧光灯采用电子镇流器，功率因数不小于0.9。

2）照度标准：主要功能房间或场所的照度设计必须满足《建筑照明节能标准》GB 50034—2013 的要求。

3）大厅、走道照明采用智能照明控制，楼梯间采用声光控开关控制，其他区域照明采用就地分组方式控制。

变配电室选址

04/ 应用效果

本设计兼顾动态设计分期实施和校园社会化要求，满足现代教学要求的整体式群落及建筑景观一体化设计，在医药高新区校区建造一座个性的富有教育校园文化品味的建筑。

校园主入口

校园主轴

公共教学楼柱廊

枣庄应用技术职业学院

01/ 项目概况

　　枣庄应用技术职业学院位于枣庄市市中区。市中区始终高度重视职业教育发展，紧紧围绕"大力发展职业教育，着力培养一大批高素质技术人才，打造产教融合先行区"的目标定位，规划产教融合先行区，通过开设专业、引进企业、发展产业，打造集职业教育、技能培训、公共实训、文化创意、青年创业和科技创新为一体的城市综合体，枣庄应用职业技术学院即为其中最重要的一所高职学院。

　　该项目总用地面积370666m²（其中城市开放绿地面积90980m²，建设用地总面积279686m²）。地上建筑面积391523m²，其中一期357673m²，二期33850m²。地下建筑面积43315m²，其中一期41315m²，二期2000m²。容积率1.40。机动车停车位547辆，其中地上242辆，地下305辆；非机动车辆6000辆，其中地上3900辆，地下2100辆。

02/ 设计理念

1."筑城"

项目总占地426.83亩，以"自成一城"的气势跳出了现有格局。在前期规划设计中，借鉴了《周礼·考工记》中"匠人营国，方九里，旁三门。国中九经九纬，经涂九轨。"和"南园北苑，前朝后市"的中国传统城市营造手法，同时融入本土中原文化符号，引古论今，从城市层面打造属于枣庄的"花园校园"。

花园校园

2."立院"

"书院"作为中国传道授业的"大学"之地，也是教育建筑的空间原型。根植于传统岭南书院的规划格局，确立了多进主轴与东西院落基本空间形态。设计以"书院气息"的基调，"起前庭，观后院"，聚焦低碳学校的设计理念，呈现典雅端庄的中国传统书院布局。一座传统空间形制与现代教育需求交织的创新式校园，焕然"书院新生"。

教学楼前庭院

夜景鸟瞰图

3. "造园"

生活区景观以"玉如意"为意向，勾勒出学生活动场地、体育运动场地、集会休闲场地等形象，连接东西地块，营造了活泼怡人的生活氛围。

运动生活区

4. 成"方圆"

项目核心文化建筑——图书馆与图书综合楼，采用左右对仗形式设置于东西校区中心位置。图书综合楼以"圆"为顶；图书馆以"方"为体，体现"天圆地方"的中国传统宇宙观。

在图书综合楼的圆环之上，以六十甲子为一个周期，记录校园发展及历史名人，弘扬未来百年校园文化与精神。鲁班文化博物馆、工匠精神博物馆、校史馆、图书馆通过中部"龙盘旋"坡道纵向连接，记录学校历史、传承枣庄文化。

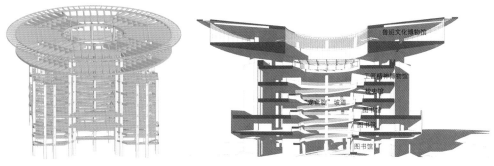

图书馆综合楼"圆环"结构图

03/ 技术亮点

1. 结构和材料

本工程分东校区和西校区，主要为各类教学、实验实训、学生公寓、行政办公、图书馆、食堂、活动中心、体育场所等功能用房及配套的附属用房，共计约 36 栋单体建筑，地面以上总建筑面积约 35.7 万 m²，地下总建筑面积约 4 万 m²；建筑高度除国际交流中心约为 68m，学生公寓楼约为 51m 外，其他建筑均小于 50m；部分建筑地下设置一层地下室，功能为设备用房和停车库，含部分人防区域，总体埋深约 6m。

该项目建筑物结构的安全等级为一级；结构的设计使用年限为 50 年。抗震设防类别为标准设防类；其中医院、东区图书馆、剧场为重点设防类。结构抗震设防烈度为 7 度，设计基本地震加速度为 0.10g，设计地震分组为第三组；场地类别为 II 类，场地特征周期为 0.45 s，属于抗震一般地段，地基基础设计等级为乙级，不带地下室时采用柱下独基或柱下条基的基础形式；带地下室时采用筏板或独立基础加防水板的基础形式。

主要结构形式及抗震等级：

（1）东校区

1）行政楼、国际交流中心及裙楼采用钢筋混凝土框架 – 剪力墙结构体系：框架二级，剪力墙二级。

2）1、2 号院系办公楼、1、2 号教学楼、1～3 号实训楼、报告厅采用钢筋混凝土框架结构体系：框架二级。

3）剧场（演艺中心）采用钢筋混凝土框架结构体系：框架一级。

4）1～4 号学生公寓楼采用钢筋混凝土剪力墙结构体系：剪力墙三级。

5）图书馆（含校史馆、博物馆）采用钢筋混凝土框架结构体系：框架一级。

6）体育馆（含风雨操场、1 号食堂）采用钢筋混凝土框架结构体系：框架二级。

（2）西校区

1）1～4 号学生公寓楼采用钢筋混凝土剪力墙结构体系：剪力墙三级；

2）1、2 号教学楼、1～4 号实训楼、艺术体育中心（含 3 号食堂）、2 号食堂、招待所、活动中心采用钢筋混凝土框架结构体系：框架二级。

3）图书馆采用钢筋混凝土框架结构体系：框架二级。

4）校医院采用钢框架 – 中心支撑（阻尼器减震）结构体系：框架三级。

结构特点：该项目建筑的结构外形整体端庄大气，方正有序，建筑立面简洁顺畅，风格独特，每栋楼的结构安全且合理。其中结构方面比较有特点的建筑主要是东区图书馆和礼堂剧场。

东区图书馆（含校史馆、博物馆）：地上总共 8 层（包含主体 7 层＋屋面以上 1 层架空圆环廊），无地下室，典型长度约 36.45m，典型宽度约 36.45m，呈"正方形"建筑，含环廊后的总高度约 35.3m，典型层高 4.2m，长宽比 1.0，高宽比约 0.97，主体结构采用钢筋混凝土框架体系，屋顶上部圆形装饰环采用钢架结构形式。框架柱的数量少，主要靠 8 根大柱承托起整个结构（包括屋面大悬挑），起主要结构作用，其他附加部分小柱、斜柱用于承托部分楼板。同时，由于使用功能和视觉效果，高大空间较多，因此主要存在楼板不连续，有效宽度小于 50%、穿层柱、斜柱等局部不规则的情况，由于建筑高度不太高，平面沿中心基本对称，因此整体变形的指标满足要求，未达到超限的条件，但考虑到整个结构体系中的不寻常部位较多，从抗震概念出发还有许多可能的安全隐患，需要采用进一步的手法加以分析，该项目则采用 MIDAS 结构计算软件进行了同步计算并进行结果对比，具体经内部论证及研讨，最终采取了如下加强措施：①全楼抗震等级提高一级；②全楼采用弹性膜，考虑楼板的平面内刚度，并考虑温度效应，进行包络设计；③全楼楼板双层双向配筋，部分楼板宽度较小且连接薄弱部位，楼板加厚，楼板配筋加大；④斜柱、斜柱周边梁板、与斜柱连接的环梁、相关梁柱节点等考虑可能出现的拉力进行加强，加强穿层柱配筋，加强屋顶两层柱配筋；⑤屋顶两层大跨梁和悬挑梁配筋加大并控制裂缝及挠度，大跨悬挑梁采用预应力梁，悬挑梁根部楼板加厚且根部支座处上铁加长加大。目前该建筑已通过施工图外部审查，正在施工。

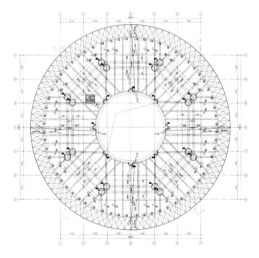

图书馆综合楼屋顶板配筋图

东区 11 号礼堂：地上 2 层，地下 1 层，长度约 95m，宽度约 52m，总高度 18m 左右，层高约 9m，长宽比约 1.8，高宽比约 0.34，主体采用钢筋混凝土框架结构体系；4 排主要框架柱的中间一跨为长 30m 左右的内部高大空间，仅屋面相连，整体刚度较弱，扭转效应明显，主要存在有效宽度小于 50%、开洞面积大于 30%、穿层柱、扭转位移比大于 1.2，三方面的结构不规则，虽然属于多层建筑，但未达到超限条件，考虑到属于空旷结构，又有大跨度结构存在，从抗震概念出发还有许多可能的安全隐患，需要采用进一步的手法加以分析，同样采用 MIDAS 结构计算软件进行了同步计算并进行结果对比，经内部论证及研讨，最终采取加强措施：①全楼抗震等级提高一级；②全楼采用弹性膜，考虑楼板的平面内刚度，各种不利情况进行包络设计；③全楼楼板双层双向配筋。部分楼板宽度较小且连接薄弱部位，楼板加厚，楼板配筋加大；④加强穿层柱承载能力，加强与大跨框架梁连接的框架柱承载能力；⑤屋面大跨梁配筋加强并控制裂缝及挠度，屋面 30m 大跨采用单向密肋预应力混凝土梁。目前该建筑已通过施工图外部审查，正在施工。

 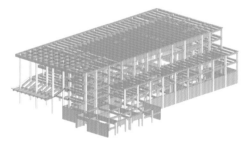

11 号礼堂计算模型

2. 暖通空调

根据建筑功能及当地气候条件，该工程冷热源形式采用分散式空气源热泵机组，为系统提供 7℃ /12℃ 的冷水和 45℃ /40℃ 的空调热水。空调水系统为一次泵变流量两管制系统；对于篮球馆、礼堂、图书馆等高大空间采用一次回风全空气系统，宿舍、办公、教学楼等采用风机盘管加新风系统。在寒冷地区，以空气源热泵系统作为冷热源，具有节能、安全环保、节省机房面积、系统形式灵活简单等优点。

根据建筑使用功能的不同，采用不同的气流组织形式：礼堂观众厅池座区大空间，采用下送上回的气流组织形式，送风采用座椅送风柱 TCD-F 型；礼堂舞台区空调采用分层设计，上部为非空调区域，下部为空调区域，采用筒形喷口送风；篮球馆采用上送下回形式，采用旋流风口送风；图书馆首层中庭区域采用地板辐射采暖系统；全空气系统在过渡季节以全新风方式进行室温调节。

3. 给水排水

从市政引入两路给水管在场地内连通成环满足地块用水需求。低区市政直供，高区由水箱加变频泵供水形式。分功能及业态设水表分级计量。设置水封及器具通气保证排水畅通并满足卫生防疫要求。

全程配合景观绿化的需求调整雨水回用系统管网设计，精装阶段配合调整洁具布置以保证排水穿楼板时时避开梁等。

采用透水铺装、下凹绿地和调蓄池相结合，屋面雨水外排至散水，在绿地内就地入渗以减少绿化浇灌用水；旱季用调蓄池内贮存雨水，设置绿化给水增压泵及水处理设施对绿化进行浇灌及地面冲洗。屋面雨水系统设计重现期 10 年，场地雨水设计重现期 3 年，剩余雨水经调蓄池调蓄后排至室外雨水管道就近排河。

集中生活热水采用太阳能系统，辅热采用空气源热泵。采用强制循环水罐 + 水罐间接加热系统，并设置热水消毒设施以保证水质安全。

该项目按一次火灾进行消防系统设计。室外消火栓系统由市政直供，室内消火栓系统及自动喷淋灭火系统采用临时高压消防系统。不宜用水灭火的区域采用七氟丙烷气体灭火系统。

该项目给水排水专业节能减排措施主要是控制系统无超压出流现象，用水点供水压力不大于 0.20MPa，超出 0.2MPa 的配水支管设减压阀，且不小于用水器具要求的最低工作压力。消防水池及水箱定期消毒。热水器及贮热水箱定期排污、清洗消毒。叠压给水设备入口处设倒流防止器。生活水泵房地面铺设瓷砖，墙面刷环保涂料。消防水池补水管出口与溢流水位之间的空气间隙不得小于 150mm。水箱入孔、通气管、溢流管末端装防虫网罩。

4. 电气与智能化

（1）供配电设计

1）该工程分为东西两个校区，每个校区均内独立运行，有 I 类汽车库，为一级负荷用户。由市政外网引 2 路 10kV 高压电源，2 路高压电源应来自两个不同的区域电站，以保证两路电源不至于同时故障时，经初步调研本项目周边有 3 处 110kV 变电站，可提供 2 路独立 10kV 电源满足一级负荷供电要求。

2）该项目为理工科高等职业学校，且为电供暖，经计算东校区变压器装机容量为 15200kVA，设置 3 处变配电室；西校区变压器装机容量为 13800kVA 设置 3 处变配电室；经与当地供电部门沟通，本项目不需设置 10kV 开闭站。

3）除设置变配电室的建筑接地形式采用 TN–S 系统外，其余各单体建筑配电系统的接地型式采用 TN–C–S 系统。

（2）太阳能利用系统

除宿舍楼设置太阳能热水系统外，其余各单体建筑均设置光伏发电系统，一次施工图阶段仅预留光伏发电系统的接入条件，后期配合厂家深化设计。

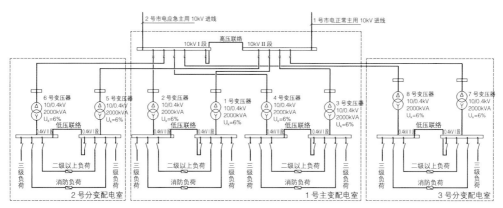

供电关系示意图

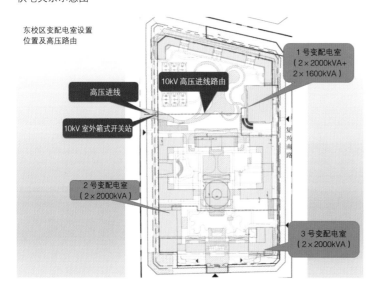

（3）智能化系统配置

本项目配置的弱电系统如下：通信及计算机网络系统（含电话程控交换系统、计算机网络系统、综合布线系统、无线网络系统、移动通信覆盖系统、LED大屏信息发布系统）；安全防范系统（含视频监控系统、出入口管理及门禁系统、求助报警系统、电子巡更系统、停车场管理系统、周界防范子系统、校园一卡通管理系统）；建筑设备管理系统（含能耗管理系统、楼宇设备自控系统、智能照明控制系统、智能化集成系统）；智慧校园系统（有线电视系统、校园广播系统、多媒体教学系统、智慧课堂系统、图书管理系统、多媒体会议系统、智能睡眠监测系统）；火灾自动报警及其联动控制系统。

04/ 应用效果

该项目以枣庄应用技术职业学院使用需求为基础，同时响应国家政策、结合当地文化、创新教育模式，旨在打造国际一流、低碳智能、人性科技的职业院校标杆，山东枣庄新时代的城市名片。

"方"

"圆"

安徽中医药高等专科学校后勤综合楼

01/ 项目概况

安徽中医院高等专科学校位于花津南路以东，九华南路以西，红花山路以南，乌霞山西路以北。本案基地位于校内西南角，花津南路与乌霞山西路交界处，北侧为6层学生宿舍和4层教学楼，西侧为学校绿化广场。后勤综合楼总建筑面积35000m²，其中一栋13层的学生宿舍，建筑主体高度49.9m，建筑面积19291.84m²；两侧为裙房，左侧为两层的食堂，建筑主体高度10.3m，建筑面积7646.79m²；右侧为一层的活动中心，建筑主体14.5m，建筑面积2403.81m²。地下为汽车库及设备房。

校园局部总平面图

02/ 设计理念

　　该项目规划理念的形成来源于对现代校园和谐化、生态园林化、专业特色化三大发展趋势的再思考。校园建筑特色形成的根基在于校园文化的发掘与时代特征的体现，从让校园和谐共生、专业特色、生态环境特色三个层面入手，寻求校园文化与规划理念共同的文化根源，营造传统文化与时代特征共辉的特色校园。设计结合原有自然地理特点，营造具有科学理性和人文浪漫与自然有机结合的现代校园建筑。

　　设计灵感源于生活、工作、学习中具象的物质，抽象出附有创意的建筑元素。结合平面与立体的几何元素，加上对当地特色文化和自身优势资源的呼应，打造附有肌理感的有机建筑。

校园入口处效果图

校内效果图

03/ 技术亮点

1. 结构和材料

食堂地上 2 层，标准柱网 7.8m × 8.0m，标准长度约 87.5m，最大宽度约 46m，层高 5.1m，柱截面 600mm × 600mm。采用现浇混凝土框架结构，双向主次梁楼盖，框架主梁截面 300mm × 750 (800) mm，次梁截面 250mm × 600mm。板厚一般为 120mm。活动中心建筑投影长 48.600m、投影宽 38.000m，高度为

项目建设过程照片

14.500m；地上 1 层。层高分别为 14.5m、10.3m、6.6m；结构形式为框排架结构，部分屋顶采用钢结构。该工程结构抗震等级为：三级（重点设防）。

2. 暖通空调

空调系统：综合楼餐厅、报告厅空调采用全空气系统，过渡季节利用经过滤的全新风负担室内负荷，以降低冷水机组的能耗。宿舍部分采用分体式空调。

3. 给水排水

该工程水源为城市自来水。假定市政最低水压为0.25MPa：地下一层至地上五层由市政管网直接供给，地上六层以上由变频加压供水设备供给。

给水系统分为生活给水系统和消防给水系统，分别由校区现状给水管道上引入。消防水池及泵房设置于本单体地下室内。

餐厅空调系统

4. 电气智能化

工程照明设计内容主要包括办公室、车库、餐厅、活动中心照明，为功能性照明；公共通道、楼梯照明一般照明；门庭、大常照明、建筑物立面照明装饰照明和应急照明。

建筑物立面照明图

04/ 应用效果

    总体布局考虑综合楼与基地周边的校园建筑、环境、道路的关系，相互呼应和融合。规划综合楼同时充分考虑校园与社会的共享，向城市道路的绿带"借绿"，向城市周边地区"借力"，形成校园与城市共生、共享、共荣的局面。规划将城市空间肌理与自然朝向网格有机结合，巧妙运用交叉、转折、引导。既使建筑组合有序，又与基地形态和自然环境相结合。综合楼规划主楼布置在远离校园现状宿金楼和教学楼。位于临街面，最大限度保证现状宿舍楼日照，裙楼周边设置环形路网，结合校园主于路设置人行疏散口和后勤车行出入口，满足人性化设计要求。

鸟瞰图

项目建成实景照片

北京大学昌平新校区1号、2号阶梯教室改造

01/ 项目概况

该项目为改造工程，位于北京市昌平区北京大学新校区内（原为吉利大学），现状校园内建筑风格均为美式国会风，柱廊、线脚等装饰构件繁复，且经时间洗礼，大部分构件已破损脱落，与北京大学的沉稳、严谨、中式传统理念显得格格不入。

现状：1号阶梯教室位于校园南部教学区核心组团内，面向核心景观广场，位置极佳。建筑地上2层，无地下室，建筑面积4600m²，室内功能为大型阶梯教室。为了满足北京大学多元化的教学需求及学术交流需求，将1号阶梯教室改造为可满足不同会议类型的现代化学术交流中心。2号阶梯教室位于校园南部教学区核心组团内，面向核心景观广场，位置极佳。建筑地上2层，无地下室，面积5600m²，室内功能为大型阶梯教室。为了满足北京大学多元化的教学需求，本次校方提出希望将2号阶梯教室改造为空间更加灵活、多元的公共教学中心。

整体鸟瞰图

02/ 设计理念

北京大学校园的历史发展进程中，充分尊重古园林的山形地貌、河湖水系，采用中国传统布局手法，建筑与园林相依成景。

通过对北京大学本部校园的调研分析，借由现代设计手法，在北京大学校园扩建的历史长河中，探寻北京大学历史记忆点，发掘北京大学独有建筑元素，提取北京大学现状校园中的传统"灰白"色系和传统柱廊形制，以灰拟砖，以白拟石、以重复竖向构件拟传统"柱廊"，并通过扩建连续弧形框架，形成体量完整、且富有连续韵律的建筑形态，将北京大学传统用现代的设计手法进行重新演绎。

柱廊韵律效果

1号阶梯教室将作为校内的交流中心使用，主要由大型报告厅和中、小型会议室和接待室组成。

现状建筑由3个扇形体量通过弧形交通空间进行联系，体量相对零散。本次改造通过新建连续弧形框架，同时置入柱廊，强化立面连续柱廊的感觉。最终形成体量完整且立面富有连续韵律的建筑立面。

现状1号阶梯教室平面功能不满足交流中心的接待、会议需求，本次改造通过拆除阶梯楼板，对平面功能进行重新梳理，打造符合校方办学理念的中、小型会议室和接待室。

1号阶梯教室立面效果

中庭效果

走廊效果

大会议室效果

中会议室效果

小会议室效果

贵宾室效果

　　2号阶梯教室将作为校内公共教学中心，主要由大型阶梯教室和中、小教室组成。现状建筑由4栋扇形体量通过弧形交通空间进行联系，体量相对零散。本次改造通过新建连续弧形框架，同时利用窗间墙，强化立面连续柱廊的感觉。最终形成体量完整且立面富有连续韵律的建筑立面。

2号阶梯教室立面效果

2号阶梯教室现状平面功能不满足研究生小班教学的需求，本次改造通过拆除部分阶梯楼板，对平面功能进行重新梳理，打造符合校方办学理念的中、小型教室。

为了解决现状建筑净高较低的问题，在室内设计过程中，通过优化管线排布，打造开放式吊顶空间，进一步释放建筑净高。

2号阶梯教室门厅效果

2号阶梯教室走廊效果

03/ 技术亮点

1. 结构和材料

（1）1号阶梯教室

1号阶梯教室竣工于2002年，为地上二层的现浇钢筋混凝土框架结构，基础形式为承台桩基础，承台间设有基础拉梁。原结构设计所采用的抗震设防烈度为7度，近震，框架抗震等级为三级，设计所依据的规范为89系列规范。

本次改造根据现行规范，抗震设防烈度提高为8度，基本地震加速度为0.20g，设计地震分组为第二组；抗震设防类别由标准设防类（丙类）提高为重点设防类（乙类）。结构设计后续使用年限为40年。

结构加固主要采用的方法：

1）改变结构体系：增加抗震墙，将原结构由框架结构改变为框架－剪力墙结构。

2）墙下基础采用微型钢管桩基础。

3）梁、柱采用外包钢和外粘碳纤维布等传统加固方式。

1号阶梯教室微型桩及承台

（2）2号阶梯教室

2号阶梯教室竣工于2004年，为地上2层的现浇钢筋混凝土框架结构，基础形式为承台桩（夯扩桩）基础，承台间设有基础拉梁。原结构设计所采用的抗震设防烈度为

7 度，设计基本地震加速度为 0.15g，设计地震分组为第一组，框架抗震等级为二级，设计所依据为 01 系列规范。

本次改造根据现行规范，抗震设防烈度提高为 8 度，设计基本地震加速度为 0.20g，设计地震分组为第二组。结构设计后续使用年限为 50 年。

结构加固主要采用的方法为梁柱外包型钢和粘贴碳纤维布的方法，对原结构构件进行加固。

2. 给水排水

（1）1 号阶梯教室

给水排水设置了生活给水系统、污水系统、雨水系统，消火栓系统、自动喷水系统。

生活给水系采用市政直供，充分利用市政供水的压力，具备节能、节水效果。用水设备器具及构配件均采用节水型生活用水器具。

生活给水全部采用市政给水管网直接供给。室内污、废水合流排到室外污水管道。经化粪池简单处理后排入市政污水管网。

（2）2 号阶梯教室

消防用水水源为消防水池。室内消火栓系统为临时高压给水系统，平时系统压力由屋顶消防水箱和室内消火栓系统增压稳压装置维持。自动喷淋灭火系统类型为湿式系统，为临高压给水系统，火灾时由高位水箱及泵房自喷加压供水系统联合室外水泵接合器供水。

3. 暖通空调

（1）1 号阶梯教室

采用散热器供暖，上供下回异程式，散热器采用铸铁柱型散热器。

新风系统较为特殊，因该项目以大型会议室为主，人员密度较大，且会议人员层次较高，因此为了达到更好的室内舒适性和空气品质的要求，在各个会议室，按照人均新风量 12 ~ 14m³/h 分别独立设置了新风热回收系统，既保证了空气品质，又能使各个会议室独立控制，同时满足了会议室的隔声要求。新风机组则采用变频控制，且带有去除 $PM_{2.5}$ 的功能，其 $PM_{2.5}$ 的过滤效率不应低于 95%。

（2）2 号阶梯教室

空调系统采用变制冷剂流量多联空调系统，空调室外机设置于屋顶。因该项目均

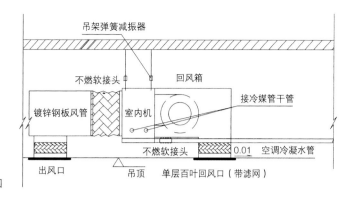

风管式室内机下送下回

为教室，为了减少教室内的噪声干扰，空调室内机均选用静音型顶棚内藏风管式空调，并在满足精装需求的条件下，送回风管道长度尽量做到 2m 左右，以使得空调室内机的噪声得到有效控制，并尽量避免直接采用下回风方式的回风口与室内机仅通过回风静压箱连接的方式，室内机的轴流风扇及电机所产程的噪声能直接传送到回风口，导致回风口噪声过大，并大于送风口噪声值。

4. 电气及智能化

（1）1 号阶梯教室

1）项目概述

1 号阶梯教室改造工程电气专业为满足各会议室、贵宾厅等各种会议需求，设置了音响系统、灯光系统、视频系统及会议预约系统。音响系统包括：扩声系统、调音及音频处理系统、录音系统、讨论系统、有线无线传声器等。灯光系统包括：灯光控制系统、直通箱系统、会议灯具系统。视频系统包括：LED 显示屏、高清视频矩阵、视频信号传输、视频录制、其他显示系统等。会议预约系统包括：会议预约服务器系统、会议显示系统、网络传输系统等。

2）设计范围

第一至六会议室：扩声系统、调音及音频处理系统、讨论系统、有线及无线话筒、灯光系统、视频系统。其中第三会议室增加远程视频会议系统。

第七、八会议室：扩声系统、音频处理系统、讨论系统、有线及无线话筒、视频系统。其中第八会议室增加远程视频会议系统。

1号阶梯教室电气改造

贵宾厅：扩声系统、音频处理系统、有线及无线话筒、视频显示系统。

入口大厅：视频显示系统及扩声系统。

会议预约系统：第一至第八会议室及贵宾厅出入口会议预约显示设备。

3）实现功能：

扩声系统可满足会议类语言扩声需求，全场均匀覆盖；

信号采用以数字信号传输为主，模拟信号同步备份，安全稳定；

信号处理功能集成在控制设备中，可保存为场景，操作人员可一键调用，简单操作；

会议系统标配为常规讨论模式，满足一切会议讨论所需要的讲话功能；

LED显示屏可显示标题、课件、视频等信息；

LED显示屏可分屏显示，不同的视频源；

可实现与场内临时摄像机的互联互通；

视频会议摄像跟踪功能（流动）；

集中控制系统可将音响与视频及会议配套系统互联，统一操作和管理。

4）系统构成

①以第一会议室为例

音响系统：主扩声采用点声源扬声器，吊挂安装在台口两侧与主席台上方顶棚内，选用双12寸全频扬声器，扬声器角度可均匀覆盖全场，左右两侧并设有独立通道驱动的双 15 寸超低频通道的扬声器；中央声道由 2 只单 12 寸扬声器均匀覆盖全场；台唇扬声器：选用 5 只点声源扬声器，均匀覆盖前区观众席；返送扬声器：选用 4 只点声源扬声器。数字调音台采用小型数字传输控制一体化调音台，具备不少于 32 个输入通道，16 个输出通道。其他设备包括监听耳机、监听音箱等。音源：播放电脑、播放声卡、多媒体播放器。无线话筒：4 套共 2 个机架式接收模块的无线话筒（话筒配置包括手持、头戴）；有线话筒：会议专用话筒 2 套，有线手持话筒 2 支。数字会议主机搭配话筒单元使用，初步配置为主席单元 1 台、代表单元 11 台，通过专用链接线串联使用。为了增加系统的稳定性，增加系统连接放大器 2 台。

视频系统：LED 背景显示屏：1 块，安装在主席台后墙安装，估算尺寸：宽 10m，高 5.5m；约 55m^2，16：9；LED 台口显示屏：2 块，安装主席台两侧吊挂安装，估算尺寸：宽 4.2m，高 2.4m；每块约 10m^2，16：9。主画面摄像头：1 台，观众区后墙居中安装；高清混合矩阵：不少于 24 路输入，24 路输出；硬盘录像机：1 台，不少于 5 路 HDMI 输入，2 路输出；监看显示器：2 台（32 英寸），安装控制室，用于监看会场视频采集内通。

灯光系统：观众厅上空设置一道固定面光灯杆，安装 LED 聚光灯 9 台；LED 成像灯 4 台。主席台上空设置一套固定顶光灯杆，安装 LED 平板柔光灯 12 台。

②中央控制系统

每间会议室均配置一套独立的中央控制系统，对声光电各种设备进行集中控制。采用无线控制器可在场地内自由移动，方便操作。系统可控制的基本内容如下：

多媒体播放机：开关、上一曲、下一曲、快进、倒退、播放、暂停、停止等；

视频矩阵：通道切换和调用；

摄像机：水平移动、垂直移动；

LED 显示屏：供电开关机；

时序电源：机柜内设备的开关机；

灯光：基本的亮度调节。

③会议预约系统

会议预约系统包括 17 个显示点位，是一套独立的信息发系统，可将显示屏与会议厅内视频系统相结合的方式使用，如第一会议室出入口显示屏会前显示会议信息及相关时段，会议过程中可将会议室内采集的视频源发送至出入口显示器。出入口显示屏即有了会议预约的功能外，还可以将会议厅内的视频在出入口显示。

会议预约通过专用服务器进行网络发布。通过会议预约小盒／或一体机连接出入口显示器进行实时信息发布。每间会议厅出入口显示器上，滚动显示本会议厅内的时间及相关内容。在入口大厅的 LED 显示屏上可滚动显示所有会议室预约会议时间段及相关内容。

通过以上各系统、设备的设置，实现了各会议室各种会议需求，实现了单对多、多对多的可视化沟通，解决了远程会议沟通障碍，使会议决策更为高效，实现了高效协调管理会议安排，方便工作人员申请会议，提高了会议效率。

（2）2 号阶梯教室

1）建筑电气主要特点：

①该工程最高负荷等级为二级负荷，在一层设置一个配电间。

②电费计量：在配电间设总计量，公共用电按用途、物业归属、运行管理等设置电量计量；照明、空调设备等设置独立分项电能计量装置。

③照明系统：选用 LED 灯具，公共部分灯采用智能照明控制。

④供电方式：低压配电系统采用 220V/380V 放射式与树干式相结合的方式。

⑤防雷、接地及安全措施：建筑物的防雷装置满足防直击雷、防雷侧击、防雷电感应及雷电波的侵入，并设置总等电位联结。

2）建筑智能化主要特点

①该工程设置消防系统、通信系统、能源管理系统、安防监控系统、智能照明控制系统、多媒体教学系统、信息引导发布系统等。

②能源管理系统：水、电、气、暖等数据可以得到有效的监测与传输，使得整体方案成本降低，但能耗管理系统的性能得到提升；通过云端管理，帮助用户减轻运维压力，提升管理水平，节省能耗运维成本。有效监测能耗设备的运行状态，提前告警或帮助用户准确判断故障点，提升设备运行的稳定性。结合峰谷平电价及用能需求，帮助用户优化能源使用的策略，降低整体的用能支出；对能耗数据进行深层次挖掘与分析，寻找能耗使用规律，发现能效提升空间；建立能耗设备的模型，对设备异常运行情况进行预警，对设备能耗情况进行分析对比，及时发现能耗的异常情况；产生准确的能耗账单，记录最佳实践，减少用能费用，验证节能行动的有效性。

③智能照明系统：使照明系统控制简单化，照明系统工作在全自动状态，系统按预先设定的模式进行工作，这些照明模式会按预先设定的时间相互自动进行切换；达到节能的同时，又减少运维成本。

④安防监控系统：7×24h 全天候可靠监控，通过智能分析模块或软件对所监控的画面进行不间断分析，实现对异常事件和疑似威胁的主动式编码、报警和保存，彻底改变了以往完全由监控人员对监控画面进行监视和分析的方式。视频监控系统通常具有强大的图像处理能力和高级智能的算法，使安全人员可以更加精确地定义安全威胁的特征，有效地发现异常报警事件或是潜在的威胁，大大降低误报和漏报现象的发生。

⑤多媒体教学系统：音视频资源丰富，教学过程更加形象生动，一些传统教学无法表达的内容可以更完美地展现；教材、课件资源更加易于积累、修改、共享，减少教师准备课程内容时间，提高教师教学效率；电子白板、交互式液晶屏这些交互式教学设备的推出，可以在整个版面模拟普通教学的白板、黑板、绿板等教学模式，使用软件中的书写笔工具，可以实现无粉尘教学，完全再现板书教学效果，不仅利于教师和学生身体健康，而且减少这些耗材产品的使用。

⑥信息引导与发布系统：入口大堂设置大屏，流动播放校内信息；各教室设置电子班牌，实现了学校日常工作与环境美化的完美融合，为全方位培育和打造校园文化环境提供了一个优质的载体，在校园中可以实现校园信息之间的无缝传接。

3）绿色节能、环保措施

①走廊等公共场所照明选用高效光源和高效节能灯具，采用智能照明的控制方式。

②照明电源采用三相供电，以减少电压损失，并应尽量使三相照明负荷平衡。

③适当选取电缆、导线的截面，考虑电缆、导线初投资和长期运行的节能效果，尽量减少线路上的能量损耗。

04/ 应用效果

北京大学昌平新校区 2 号阶梯教室改造项目已投入使用，获得广泛好评。建筑中提供了大、中、小等不同空间的教学场所，满足北京大学现代化教学的不同空间需求。在公共区域提供丰富的学习交流空间，为学生们提供丰富的学习、交流场景。

2 号阶梯教室立面实景效果

2 号阶梯教室走廊实景效果

2 号阶梯教室——教室实景效果

Educational Buildings, Primary
and Secondary Education

教育建筑类 · 初、中等教育

连云港生物工程中等专业学校搬迁工程
内蒙古师范大学附属中学教学区重建项目
桐城市第八中学
一零一中学怀柔校区扩建
商丘外国语实验学校
北京佳莲学校（北京四中国际课程佳莲校区）
武汉市第十七初级中学
日喀则市曲布幼儿园、桑珠孜区第四小学、桑珠孜区第四初级中学
芜湖院子地块配套小学

连云港生物工程中等专业学校搬迁工程

01/ 项目概况

　　该工程位于连云港徐圩新区云湖核心区，基地形状近似正方形，约580m²，场地内地势相对平坦，地质条件良好，占地面积约439亩（约292666.7m²）。容纳学生9265人，同时肩负"成人教育""徐圩新区图书大楼"等社会责任。项目周边有云湖核心区、徐圩体育中心等项目。

项目鸟瞰图

02/ 设计理念

1. 地域特征——延续当地建筑肌理

　　总体布局来源于对江苏地域特征的研究与提炼。古镇建筑聚落排布有序，形成围合式的建筑肌理。校园总体布局充分利用景观与围合式建筑肌理，形成独特的校园外部空间。

2. 交流共享——契合学生心理诉求

中职学生是其独立进入社会生活的过渡期，所以校园的场所感根植于他们的青春回忆中，也要能够契合他们的心理诉求。

行政楼南广场

3. 教育综合体——塑造集约高效的文化空间

将具有共性或联系性的学院或功能用房融合在一起，编织复合的公共功能结构，提供丰富的共享空间作为偶然性或自发性的交往场所。

行政楼中央景观轴

4. 场地和建筑

（1）开放共享

从社会（宏观层面）—校园（中观层面）—建筑（微观层面），做总体规划：打造服务于整个徐圩新区的文体活动中心，整合各院系合班教室指标设置公共教学楼；每栋教学单体设置特色共享空间。

活动中心

（2）以人为本

保证无障碍设施的水平和质量，满足学校日常需求；采取有效隔声措施，为学生提供安静的教学及生活环境；打造一系列围合空间，塑造安宁、亲切、有吸引力的外部空空间，增强校园的归属感与场所感。

（3）全民健身

结合体育运动场地、休闲公园、中央景观带、绿化隔离带设置不同长度全民健身路径，满足差异化健身需求。

主楼沿徐圩大道

图书馆

体育馆

03/ 技术亮点

1. 结构和材料

该项目由教学区、生活区、体育运动区3个区块组成，包括行政综合楼、各类教学楼、图书馆综合楼、公共教学综合服务楼、化工学院、机械工程学院、大礼堂、学生服务中心、综合实训楼、学生教师公寓等共计17栋分布在不同区域的单体建筑组成，部分单体之间通过连廊相连；各栋单体建筑除行政综合楼局部为7层外，其他均为5层以下的多层建筑，结构屋面高度不超过24m，行政综合楼的部分楼座达到7层，结构屋面标高为27.6m，属于高层建筑；大部分建筑无地下室，公共教学综合服务楼和图书馆综合楼设置地下一层且外扩地下室，其中包含人防区域，平时使用功能为车库和设备用房，埋深约6.5m，地下室顶板上设置1.5m覆土。

该项目建筑物抗震设防类别为重点设防类；结构安全等级为一级，结构的设计使用年限为50年，抗震设防烈度为7度，设计基本地震加速度值为0.10g，设计地震分组为第三组；特征周期值为0.90s，建筑场地类别为Ⅳ类。该工程场地处于抗震不利地段，无不良地质作用存在，历史最高水位接近地表，地基基础设计等级为乙级。所有不带地下室的建筑均采用边长为400mm的预制方桩+承台的基础形式；带地下室的建筑及地下室均采用边长为400mm的预制方桩+承台+防水板的基础形式。

由于该项目建筑物抗震设防类别为重点设防类，因此提高一度采取抗震措施：行政综合楼、大礼堂为现浇钢筋混凝土框架-剪力墙结构：框架二级，剪力墙一级；各类教学楼、食堂、学生服务中心、图书馆综合楼、公共教学综合服务楼、化工学院、机械工程学院、综合实训楼、体育看台为现浇钢筋混凝土框架结构：框架二级；学生教师公寓为现浇钢筋混凝土剪力墙结构：剪力墙三级；地下室抗震等级同承接的上部结构首层及相关范围，其他纯地下部位均全部采用现浇钢筋混凝土框架结构，框架三级；部分2～5层的连廊分为：①与主体连在一起的连廊，其结构形式及抗震等级同主体并提高一级；②与主体结构分开的单独连廊采用钢结构或钢筋混凝土框架结构，抗震等级为一级。

结构特点：该项目建筑的结构外形整体上端庄大气，方正有序，建筑立面简洁又不失厚重，每栋楼的结构安全且合理。由于建筑功能的需要，结构方面有特点的地方主要有三方面：①大跨度结构，如大礼堂27m跨度屋面，机械学院18.8m跨的大门洞以及实训楼24.3m跨的大屋面；由于均为不上人屋面，通过结构选型、施工可靠性及综合造价等因素的对比，采用钢筋混凝土大梁加预应力技术，梁高1700～1900mm，其中机械学院采用的是 1000mm 高的钢梁，所有大跨梁均按竖向地震进行验算，并严格控制变形和裂缝，同时施加预应力，提高楼板刚度、配筋方式及配筋率，适当提高结构自身的安全储备，针对变形和裂缝的控制加强施工技术和施工措施，确保施工质量；同时，对支撑大梁的周边梁和柱提高抗震等级，提高抗震构造措施，保证变形协调的同时又有安全的承载力储备；②大悬挑结构，如行政楼、学生服务中心中庭平台均外挑 2.7m，食堂外平台悬挑 3.4m；悬挑部位全部按照竖向地震进行验算及包络设计，严格控制变形和裂缝，考虑到有人流密集，在结构刚度及配筋方面都留有一定的富裕度，悬挑大的还要进行舒适度的验算；同时，对于悬挑反向压重结构区域的结构刚度及配筋，包括梁板柱均提高抗震等级及构造措施，楼板双层双向配筋，按弹性膜进行计算并包络设计，确保结构的安全储备；③与楼座脱缝的独立连廊，属单跨双排柱多层结构，安全赘余度低，需要大大提高结构的安全储备；在没有采取减、隔震的措施情况下，只有通过性能化设计来实现。该项目将抗震性能指标定为大震弹性，经过反复比较计算、修改方案最终完成设计。

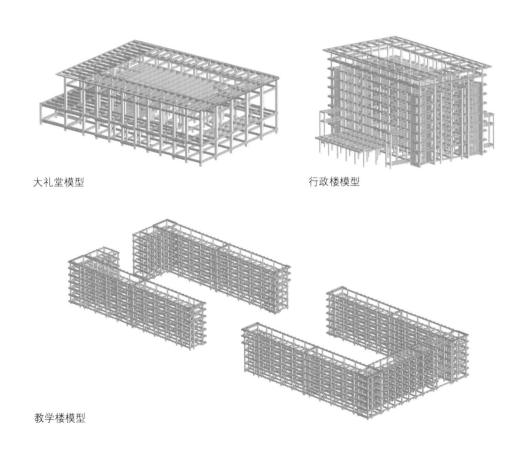

大礼堂模型

行政楼模型

教学楼模型

2. 暖通空调

根据项目所在地的气候条件及周边市政条件，该工程冷源采用变制冷剂流量多联分体空调系统或分体空调；发电厂余热蒸汽为建筑提供冬季供热热源。食堂预留餐饮条件，预留排油烟井、事故排风井等条件，补风由本层补入。地下各层车库设有机械排风和机械补风系统，每台送风机均兼消防补风机，排风机兼排烟风机；消防水泵房、给水泵房、污水泵房、中水机房、变配电室、通信机房、垃圾间设有独立的机械送排风系统，以满足设备用房排除余热和通风换气的要求。该项目均为多层公共建筑，甲方均为同一个学校，因此从技术上和从运营管理上考虑，采用多联机空调最为合适。

3. 给水排水

从市政引入两路给水管在场地内连通成环满足地块用水需求。低区市政直供，高区由水箱加变频泵供水形式。分功能及业态设水表分级计量。设置水封及器具通气，保证排水畅通并满足卫生防疫要求。场地内建设项目没有排放超标的污染物，且通过合理布局和隔离等措施降低污染源的影响。污水经管道收集后排入小区污水管网，化学实验室的废水应经过处理、餐饮污水经隔油池、生活污水经化粪池处理、图书馆缩微照相用房的排水管道应耐酸、碱腐蚀排水经室外污水处理设施、实训厂房有害废水应经废水处理达标后排至市政污水管网。污、废水排放处理达到二级标准。

宿舍、食堂及浴室设置太阳能热水系统，采用集中集热、集中储热的系统形式。当太阳能系统满足系统运行温度控制条件时，热水系统采用太阳能加热；当太阳能不满足系统运行温度控制条件时，通过市政热力进行加热，满足用户用水需求。

屋面雨水系统设计重现期 10 年，场地雨水设计重现期 3 年。该小区主要利用调蓄池、雨水回用设施及下凹式绿地对初期雨水进行源头净化。屋面雨水污染物较少，结合雨落管和地下管线的布局，将建筑周边绿地设置为下凹式绿地，雨落管直接散排，使屋面雨水在源头进行滞蓄、入渗和净化处理；在绿化面积较大的区域，结合景观方案，合理设置环保雨水口，通过路牙开口和转输型草沟等导流措施，衔接和引导道路和硬质地面雨水径流就近接入下凹绿地及透水铺装入渗调蓄。为充分利用雨水径流，在东侧设置雨水回用设施，回用于小区道路和绿化浇洒。

该项目按一次火灾进行消防系统设计。室外消火栓系统由市政直供，室内消火栓系统及自动喷淋灭火系统采用临时高压消防系统。不宜用水灭火的区域采用七氟丙烷气体灭火系统。

给水排水节能减排措施主要是控制系统无超压出流现象，用水点供水压力不大于0.20MPa，超出 0.2MPa 的配水支管设减压阀，且不小于用水器具要求的最低工作压力。当化学实验室给水水嘴的工作压力大于 0.02MPa、急救冲洗水嘴的工作压力大于0.01MPa 时，应采取减压措施。

4. 电气与智能化

（1）数字校园

搭建以高速校园网为基础、覆盖全校主要楼宇及公共服务设施的数字化网络信息平台，满足实现数字化图书馆系统、数字化教学系统、校园综合管理信息系统等的要求，主要配置综合布线系统和计算机网络系统（含无线网络系统）。

（2）平安校园

通过计算机技术、网络通信技术、视频压缩技术、射频识别技术以及智能控制等多种技术，通过对门禁识别控制、视频监控、报警联动等系统的集成，为校园的安全以及正常教学提供可靠的保障，主要配置安全防范系统（含视频监控系统、出入口管理及门禁系统、求助报警系统、电子巡更系统、停车场管理系统、周界防范子系统）；火灾自动报警及其联动控制系统；校园一卡通管理系统。

（3）绿色校园

在实现基本教育功能的基础上，以可持续发展为思想指导，在学校日常管理中纳入有利于环境的管理措施，主要配置能耗管理系统；建筑设备管理系统；智能照明控制系统；智能化集成系统。

（4）和谐校园

以人为本，特色育人，和谐校园是一种办学理念是一种管理模式，为师生提供一站式服务：主要配置 LED 大屏信息发布系统；校园一卡通管理系统。

（5）智能校园

建设覆盖全校楼宇及室外空间的通信网络，满足实现有线及无线通信系统、校园公共广播系统、校园安保监控系统、办公自动化系统、校园信息管理系统等的要求，所有的硬件建设围绕学校应用的原则建设智慧化校园，主要配置有线电视系统；校园广播系统；多媒体教学系统；智慧课堂系统；图书管理系统；多媒体会议系统。

校园智能化系统拓扑图

04/ 应用效果

从健康建筑理念出发，通过整合梳理建筑中的空气、水、营养、光线、健康、舒适和精神等要素，提供一条满足使用者对健康建筑需求的途径，打造一个舒适、灵动、以人为本的建筑。根据连云港市住房和城乡建设局《关于明确绿色建筑和装配式建筑配建要求的通知》，该项目预制装配率不低于45%。

学生公寓

内蒙古师范大学附属中学教学区重建项目

01/ 项目概况

　　该项目为教育类公共建筑，现有校区建筑更新改造工程。在保证正常教学秩序的前提下完成建筑功能和形象的自我更新。引入 STEAM 国际先进教育理念，突破既有条件限制，创造低碳科技的活力校园空间。体现当地文化、气候特征，形成充满记忆感的校园场所。

02/ 设计理念

　　项目设计理念以"辟雍"为原型，天圆地方的规划布局，由形式感的中心学习区、边缘服务区与隔绝外界干扰的外环构成，建立可供学生安心研读的治学之所。中心圆由蒙古包意向演化，体现民族为心科技为心的理念。

北侧主入口主要建筑采用"门"字体形，引入光线，避免场地内冬季结冰，突出内部圆形科技楼。流线强调功能联系，以科技楼为核心辐射教学、办公、图书馆，通过连廊架设友谊桥梁，打造校园综合体。

1. 场地和建筑

（1）分期建设 有序腾挪：该项目建设分三年时间逐步完成。有序拆建、有序更新，保证正常教学秩序和师生安全的同时，实现功能与形象的蜕变。

（2）科技应用：通过建筑组织加强内部通风，采用被动式的科技手段控制校园风环境、光环境、温湿度，创造智慧健康建筑。

（3）生态环保：外立面采用暖色陶土板绿色建筑材料，环境友好。采用节能门窗、海绵城市、太阳能、节能节水设备、智慧照明等，打造绿色建筑。

（4）四季景观：利用现有环境资源，通过集中绿地、庭院、屋顶绿化，创造生态化、园林化的环境，考虑植物四季景观配置，设置屋顶天窗及屋顶花园，步行见绿。

（5）人性校园：以承载校园广播站功能的钟塔为校园标志。构建"礼仪轴"和"教学轴"两条轴线，把校园划分为若干趣味性庭院空间与外部交往空间。大台阶、架空层、空中连廊设置在庭院空间，形成校园公共交流场所。

2. 教育综合体

校园设计采用教育综合体的做法，将所有功能糅合在一起，有着复合的公共功能结构，提供丰富的共享空间作为偶然性或自发性的交往场所。同时各类空间形式的介入，提供了开展丰富多样的非常规课程的教学场地，激发学生素质教育的兴趣。引入STEAM 教育，使得建筑设计理念与学校教育理念相契合。

引入多学科融合的 STEAM 教育，塑造多功能活动空间

广场、架空层、大台阶与连廊

3. 多元空间架构

设计为学生塑造一个功能多元、使用复合的教育启发的场所，以丰富的空间形式为载体，赋予校园多样化的生活方式。阅读空间不一定在图书馆内，也可能在台阶上完成，满足多种形式的教学活动需求。以此来打破空间分割的单一，赋予空间使用的多种可能性。

03/ 技术亮点

1. 结构和材料

该工程按建筑功能不同，地上自然分成若干建筑单体，分缝后共形成 10 个结构单元和单元之间的连廊，除了三层及以上的空中封闭钢连廊外，在二层标高处还有局部的混凝土结构的不封闭开敞式单层连廊，这部分连廊均与主体单元分缝脱开。10 个结构单元为：1 ~ 3 单元为南教学楼，建筑高度为 21.20m；4 单元为活动中心，建筑高度为 17.90 m；5 ～ 6 单元为实验楼、图书馆，建筑高度为 21.20m；7 ～ 8 单元为北教学楼，建筑高度为 21.20m；9 单元为合班教室，建筑高度为 13.90m；10 单元为钟塔，建筑高度为 38.0m；地下一层为车库和设备用房，结构不分缝，上连南教学楼、合班教室、活动中心形成一个大底盘整体，总埋置深度约 6m。

该项目建筑物抗震设防类别为重点设防类（乙类）。结构安全等级为二级；结构的设计使用年限为 50 年，抗震设防烈度为 8 度，设计基本地震加速度值为 0.20g，设计地震分组为第一组；特征周期值为 0.35s，建筑场地类别为：II 类。该工程场地处于抗震一般地段，无不良地质作用存在，勘探期间未见地下水，地基基础设计等级为乙级。南教学楼、合班教室、活动中心及地下车库采用筏板基础；主楼与纯地库之间设后浇带断开；北教学楼采用柱下条形基础；图书馆、实验楼采用筏板基础＋柱下条形基础，钟塔采用筏板基础。基础持力层为粉质黏土，承载力标准值为 160 kPa。

该项目建筑物抗震设防类别为重点设防类，提高一度采取抗震措施；南教学楼为全现浇钢筋混凝土框架－剪力墙结构：框架二级，剪力墙一级；北教学楼为全现浇钢筋混凝土框架－剪力墙结构：框架二级，剪力墙一级；图书馆、实验楼为全现浇钢筋混凝土框架－剪力墙结构：框架二级，剪力墙一级；合班教室为全现浇钢筋混凝土框架结构：框架一级；活动中心为全现浇钢筋混凝土框架结构（局部采用型钢混凝土）：框架一级；钟塔为全现浇钢筋混凝土框架－剪力墙结构：框架一级，剪力墙一级；敞开连廊为全现浇钢筋混凝土框架结构：框架一级；封闭钢连廊为钢框架（与两边主楼一端固接，一端铰接）：框架二级；地下一层为全现浇钢筋混凝土框架－剪力墙结构：抗震等级同上承楼的首层。

结构特点：由于建筑功能及空间体形要求，存在多处空中连廊及大悬挑的结构，对于空中连廊除采用一端固结一端铰接、提高抗震等级等措施外，同时进行性能化抗震设计，保证大震下连接节点的变形要求，并适当加强安全储备，同时提高与连廊相连的周边结构的抗震等级及构造措施；对于大悬挑梁板处，按局部竖向地震及分块刚性板与弹性膜分别进行结构包络设计，结合构造措施进行抗震概念设计，严格控制变形和裂缝的要求，提高结构的安全储备。

施工现场照片

2. 暖通空调

根据建筑功能及当地实际情况，热源由热水锅炉提供；图书馆空调采用多联机系统；其他建筑均采用分体空调；供暖末端均采用散热器系统。生物实验室、化学实验室及相关准备室均预留风管及排风柜电源。

各实验室的排风系统和通风柜排风系统均独立设置且应优先采用自然通风方式，当采用机械通风系统时，人均新风量不宜小于30m³/（h·人），物理、生物实验室人均新风量不应小于20m³/（h·人），且房间换气次数不应低于$3h^{-1}$。使用强腐蚀剂的实验室，排除有害气体的排风机设置在室内时应设置机房，设备不得设置在送风机房内；排除有害气体的排风机房应设置通风措施，换气次数按照不小于$1h^{-1}$计算。

3. 给水排水

（1）重难点：满足不同功能分区给排水及消防系统的需要；不同污水分流排出、分别处理是本次设计难点。

由于学校用水比较集中，故在规范平方根法的基础上兼顾概率统计数据，适当放大管径以保证供水效果；冷热水均采取水消毒设备，保证水质安全。设置海绵城市系统时兼顾景观及管理要求，回用雨水用于绿化及道路冲洗。接待中心及配套餐饮等建筑按宾馆标准配置水系统。

（2）技术特点：采用市政自来水，由该工程西侧学校主路上接入，接入给水管管径 *DN*100，市政压力 0.35MPa，一路供水，直接作为室内生活给水系统的生活水源。该项目分功能及业态设水表分级计量。

设置水封及器具通气，保证排水畅通并满足卫生防疫要求。采用生活排水与雨水分流，均为自流排出，卫生间的生活污水与实验室的生活废水分流排出。实验楼的实验教室有害废水的排除校方与相关部门签约集中处理后，排至室外污水管网。地下消防水池和地下车库的废水经集水坑收集提升后排至室外污水管网，其他室内生活污水均直接排至室外污水管网，汇集后排至化粪池处理后排入市政污水管网。

屋面雨水采用内排水方式，雨水斗为 87 型。采用就地入渗和回收再利用方式。室外雨水结合室外景观，经绿地、透水砖、透水路面等回渗地下水。其他径流部分由雨水口收集后排至室外雨水管网，内排雨水也排至室外雨水管网。

（3）消防：该项目按一次火灾进行消防系统设计。室内外消火栓系统及自动喷淋灭火系统采用临时高压消防系统。不宜用水灭火的区域采用七氟丙烷气体灭火系统。

4. 电气智能化

（1）供配电设计

1）由市政引来 1 路 10kV 供电电源，引至地下一层的变配电室。

2）容量统计：变压器装机容量总计为 1315kVA，选用 2×500kVA+1×315kVA 的干式变压器。

3）在地下一层设置一个变配电室，内设 2 台 500kVA 干式变压器，供电范围包括：南北教学楼、合班教室、校展室及地下车库用电。实验楼用电引自校区原有一台 315kVA 变压器。

4）二级负荷中的消防设备采用两路电源末端互投供电；二级负荷中的应急照明负荷采用两路电源末端互投并配以分散应急蓄电池组作为疏散照明的后备电源。电话及网络机房、消防控制室（中心）（消防控制系统、广播系统、安全防范系统合用）等重要的弱电机房，采用两路电源末端互投，并由相应的弱电供应商配备不间断电源。

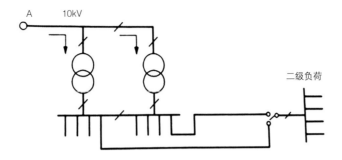

二级负荷供电关系示意图

（2）弱电设计

弱电设计包含以下内容火灾自动报警及联动控制系统（含消防及广播系统）；通信系统；综合布线系统；有线电视系统（电话、计算机，不涉及网络设备）；安全技术防范系统（含安全防范综合管理系统、视频安防监控系统、电子巡查管理系统和汽车库管理系统）；校园电铃系统；校园广播系统。

04/ 应用效果

内蒙古师范大学附属中学是一所蒙汉合校的民族中学，是具有地区特色、时代特征和民族特色的自治区窗口学校。故该项目从蒙古包的民族特色中提取灵感，结合辟雍的空间原型，形成蒙汉文化交融的校园特征。庭院围合的外部空间与圆形辐射型空间相互渗透，演绎变异的蒙古包形式虚实结合，现代典雅。

该项目为既有建筑改造，项目建成后建筑使用面积显著增多，学校风貌大幅提升，于 2014 年获"草原杯"工程质量奖。

桐城市第八中学

01/ 项目概况

该项目位于桐城东部新城的西南角，西邻合安高速，北侧与南侧为联系老城区的城市快速路，东侧和西侧为规划城市次要道路。用地北侧为自来水厂，南侧为一处现状酒厂。区内地势平坦，水系较为发达，基地北侧有一处较大的水塘。基地内部地势平坦，主要为村庄、水塘和农林用地。基地北部有一较大水塘，考虑保留。

项目规划用地面积167130.6m²，需新建教学楼、实验楼、图书馆、行政办公、操场、学生宿舍、教工值班用房、食堂。学生人数规模为5000人，住宿生约占50%，就餐人数约4000人。

02/ 设计理念

1. 创新构思

校园的原创形态以文化为底蕴，以城市设计及周边城市肌理为蓝本，以功能为核心，以轴线为重点，方正有序，主次分明。同时受边界、河流影响引入自然导向构图，以此形成整个校园的规划结构。这样的结构，形成了张与弛、疏与密、刚与柔并存，形式和空间相呼应的统一体，产生了校园的形式感与场所感，体现了井然有序、和谐天成的人文精神。

（1）规划理念一 —— 龙：设计中引入龙的概念，基地中部贯穿整个校园的景观带设计为龙的形状，形成贯穿校园的核心景观区。

（2）规划理念二 —— 古代书院和文庙：教学区的建筑布局考虑沿用中国传统礼制建筑的布局形式，沿主轴线两侧布置主要教学用房，平面规整、秩序性强。教学用房采用庭院式布局，每一个庭院即是一个教学组团。考虑到校园人文环境的塑造，在设计中，教学区的六个庭院分别以《诗》《书》《礼》《乐》《易》《春秋》六经为主题布置，形成六个极具文化内涵的校园精神空间，贯穿整个教学区。

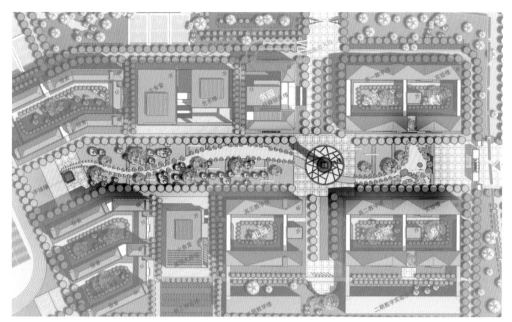

景观总平面图

鸟瞰图

2. 场地和建筑

建筑理念 —— 校园的历史原型"辟雍"体现了"天圆地方"的中国传统宇宙观。整个校园立面材质以黑、白、灰为基调，取徽派建筑之精华、融合现代建筑设计手法，脱离于传统，不失其韵味。中心造型力求现代、空灵、内蕴，轮廓线平缓、舒展，塑造出桐城市第八中学的现代风貌。布局上，中心雕塑作为整体校园的核心，围绕中心雕塑设置行政综合楼、高一、高二教学实验楼和高三教学楼。

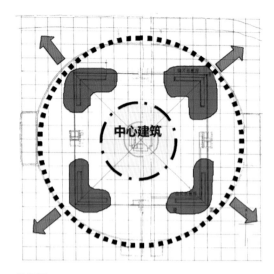

构思图

所有教学功能围绕中心雕塑展开，功能分区明确，联系紧密。生活区、体育运动区均毗邻行政教学区。食堂位于宿舍与教学区之间，并处于校园中部区域，且充分考虑主导风向及后勤流线，均不会对校园产生干扰；风雨操场毗邻教学区及体育场，沿城市道路，可临时独立对外使用，提升社会效益。围绕建筑群体形成校园环路，每个功能建筑都有自身独立的出入口。

校园出入口透视图

03/ 技术亮点

1. 结构和材料

教学区的教学楼、实验楼等为 4 ~ 5 层现浇钢筋混凝土框架结构，柱网尺寸较为合理，框架布置比较规整，无较大悬挑，受力构件关系明晰，连廊与体形差异较大部分设抗震缝，分割成体形较简单的单体，连廊采用混凝土或钢结构并适当增设横向支撑体系；宿舍楼为 6 层 + 坡屋面，采用现浇钢筋混

项目建设过程照片

凝土框架结构，因长度较长，在适当的位置混凝土部分加设后浇带或伸缩缝，防止由于温度和沉降引起的裂缝；大食堂为 3 层框架结构；小食堂为 2 层框架结构；报告厅为局部 2 层、高挑大跨框架结构，其中大跨屋面采用钢梁或钢筋混凝土预应力梁的结构方式，解决梁的变形和裂缝问题，门头大悬挑采用密肋梁（必要时采用钢梁）的结构形式，并增加竖向地震作用下承载力、变形、裂缝的控制。楼（屋）盖均采用现浇钢筋混凝土楼（屋）盖的结构形式。当后续设计过程中正常的框架结构无法满足规范要求的侧向变形要求时，可增加少量的剪力墙或部分楼座改为框架 – 剪力墙的结构形式。部分大空间的周围增加剪力墙，提高局部的抗震性能。

2. 暖通空调

通风系统：为改善室内空气品质，对产生废气及有余热的场所，设置机械通风系统，风量按下述换气次数计算：

水泵房：$4h^{-1}$；卫生间：$10h^{-1}$；变配电站：按排除余热计算风量；地下汽车库（单层）：$6h^{-1}$；发电机房内预留柴油发电机进风井和排烟竖井，送风量为排风量与燃烧空气量之和，排除余热排风量采用发电机厂商提供的数据，通风系统待发电机型号确定后，由专业厂家结合机组安装，柴油发电机烟囱自配工业用高效能降噪消声器。

3. 给水排水

该工程水源为城市自来水，从市政道路学院路和外环路给水管网分别引入一根 DN200 给水管至该区域，供区内生活、消防用水。室外消防给水管和生活给水管合用，生活单独计量。

（1）用水量

用水量主要包括生活用水、消防用水等。经估算，最高日生活用水量约为 800m³/d。

（2）生活给水系统

生活用水由市政管网直接供给，宿舍屋面设调节水箱。

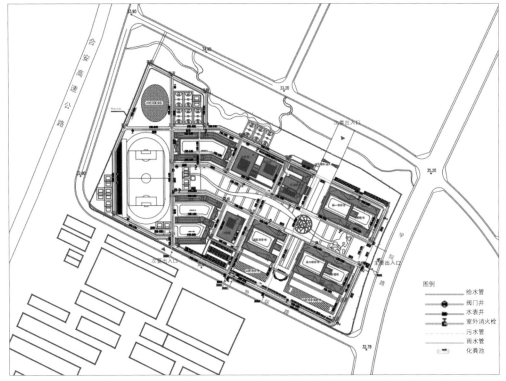

给水排水专业外网图

4. 电气及智能化

（1）室外高压穿电力管埋设到变配电设施处，低压通过穿管埋地敷设至各个用电设备（每栋楼设置单独配电间）处。教学实验楼照明用电、电风扇用电、插座用电分回

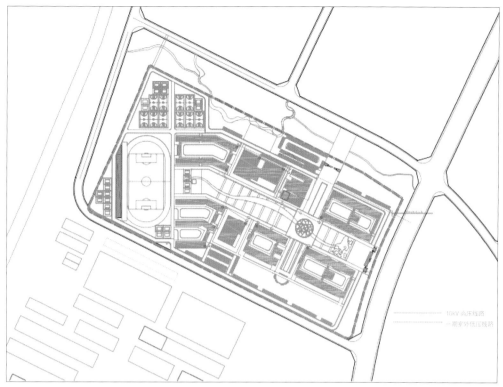

室外低压配电管线图（一期）

路布线，在一层设各类电源总控，各楼层的各类电源应该能分控；空调用电每层单独设置配电箱。

（2）采用树干式和放射式相结合的配电方式。

（3）每层设置配电箱控制本层用电设备，单体配电干线沿电缆桥架敷设，支线全部暗敷。室外设置道路、夜景照明，主干道两侧设置庭院路灯，景观区根据景观需要设置射灯、地灯等景观灯具。

04/ 应用效果

（1）坚持"生态优先"和"以人为本"的原则，建设绿色节能型新型校园，打造具有人情味的校园环境，体现人文关怀的实质。

（2）考虑学校的可持续发展，以适应学校建设的连续性和未来办学方向的弹性发展。

（3）通过灵活塑造单体建筑室内外空间、巧妙配置建筑单体功能结构部件、科学融合景观水体微气候，进行建设区域绿色生态化设计。并在整体规划布局中融合现代化绿色校园的教育传承性，打造技术源于标准、品质优于生态、有内涵有外延的绿色校园的示范工程。

（4）统一中求变化，突出而不突兀。通过合理的规划设计与先进的建筑技术，在总量上进行控制；在充分考虑建筑功能、形象设计的基础上，考虑新建筑的实用性与经济性；贯彻低碳绿色生态设计理念，打造绿色建筑新亮点，使项目成为生态环境和人文环境建设并重的示范性绿色校园。

校园布局中以中心雕塑为核心，形成南北两条"十字轴"关系，庄重、典雅、对称、有序，既反映教育民主化的趋势，又强调意境创造上的内聚性、向心性，空间尺度宜人，收放合理，又增强其内在功能的关联性、互通性。这一系列的建筑及室内外环境与校园核心中轴相吻合，构成学校最具特色与感召力的标志性区域。总体规划肌理与城市关系吻合，形成南北两条带状分布，教学区严谨，生活区自由，根据功能形成明确的空间形态对比。沿东西主轴线两侧布置教学楼、实验楼，联系紧密，自成一体。

项目鸟瞰图

实景鸟瞰图

中轴线实景鸟瞰图

一零一中学怀柔校区扩建

01/ 项目概况

　　该项目位于怀柔科学城内，建设用地位于北京市怀柔区乐园大街31号，南至乐园大街，北至雁栖南四街，为北京市一零一中学怀柔校区扩建高中部，共设置38个教学班，包括教学及辅助用房、办公及管理用房、生活服务用房（含学生食堂及教职工食堂）以及科技中心、艺术中心、体育中心等。

02/ 设计理念

1. 创新构思

　　该项目以传统中国书院布局为设计元素，传承围合感，建筑单体在院落内相互影响、相互渗透。通过对传统书院模式进行延续与再造，实现其与当代教育理念的结合。

沿街效果

采用"九宫格"式布局模式，由共享连廊将所有建筑联系到一起，打造"综合体"式教育中心，提高使用效率。

2. 场地和建筑

从校园南入口到已建区南广场设置连接南北地块的中央景观轴，结合景观设计形成不同尺度的交流活动区，让学生在课余可以进行小型的演出、展示、交流等活动。

中央景观轴效果

内庭院效果

同时，通过共享学习环串联学校各功能区，使空间相互渗透，结合室内设计，实现公共空间的多元复合。

3. 立面设计

建筑南北立面采用规则大窗，以此呼应原校区立面形式，并满足教室的采光通风需求；东西连廊承担了主要的交通、交流功能，带形长窗使整个空间更加开敞、流畅；竖向百叶的设计，不仅使整栋建筑更加节能，同时增加了整个建筑外立面的层次感；街角艺术中心采用雕塑感更强的完整形体，作为整个建筑的沿街展示面，完整的大体量通过形体的微变，具有视觉上的冲击性，同时白色质感涂料的条形变化肌理，为整个建筑增添一份诗意。

主立面效果图

03/ 技术亮点

1. 结构和材料

该项目拟建工程有南北2区，北区地上部分由女生宿舍、男生宿舍、教师宿舍组成，其中男生宿舍和教师宿舍下设地下室（含人防地下室），南区地上部分A座、B座、C座和D座由四个连廊连接而成，其中A座和D座下设地下室（含人防地下室）。教学楼、宿舍楼及连廊为重点设防类（乙类）；门卫及地下车库为标准设防类（丙类）；该工程抗震设防烈度为8度，设计基本地震加速度值为0.20g，设计地震分组为第二组，场地类别为II类，特征周期为0.40s，结构阻尼比为0.04（钢结构）、0.05（混凝土结构），多遇地震水平地震影响系数最大值为0.16。

地上子项均为多层钢框架结构，地下为钢筋混凝土框架结构，基础形式为柱下独立基础，地下室部分为柱下独立基础+防水板。其中，南区地上部分A座、B座、C座和D座增加了金属消能器，增强了大震作用下的抗震性能。连接楼座的四个连廊均为单跨钢框架结构，按照中震不屈服的标准进行抗震性能化设计。

结构技术图

2. 给水排水

该项目设置了给水系统、中水系统、污水系统、雨水系统、消火栓系统、自动喷水系统、气体灭火系统。

（1）节能节水

根据建筑节能与可再生能源利用的目标，采用中水系统提供冲厕、冲洗场地、喷洒道路及绿化用水，充分利用宝贵的水资源。

（2）环境保护

实验室排水首先经过一体化污水处理设备处理达标，再排放至市政污水管网。

（3）防洪调蓄

雨水调蓄设计：暴雨强度 q_5=5.06L/（s·100m²），设计重现期为 5 年。地块用地面积 34039.675m²，硬化面积 16726.625m²，绿地面积 10228.96m²，下凹绿地率不低于 62.96%。按照北京市《雨水控制与利用工程设计规范》DB11/685-2013[①] 的要求，每平方千米配建容积不小于 30m³ 的雨水调蓄池，南地块设置 250m³ 的雨水调蓄池 2 座。高峰雨水经调蓄池调蓄后排至市政雨水管网。

（4）施工过程设计服务

该项目单体地下室面积小，管线众多，室外场地满铺布置了地源热泵所需的地埋管，管综复杂，且该项目为装配式建筑，需要在钢结构上准确预留敷设管线所需洞口，在施工前期配合施工单位 BIM 建模。在施工前有效避免了管线碰撞，根据 BIM 图纸预留了相应敷设管线的洞口，避免后期返工。

3. 暖通空调

综合考虑场地地质条件、地温均衡性、经济性和浅层地热条件等方面的评价，该项目冷热源采用了地源热泵系统，空调水系统则采用一次泵变流量系统，末端采用风机盘管和散热器。热泵机组供水温度可结合室外温度和室内温度进行质调节，当负荷变化时通过开启和关闭部分热泵系统实现量调节。空调侧及地源侧循环泵全部采用变频控制，根据室内供水压差，当末端需用水流量大于 1 台水泵且水泵运行频率等于 50Hz 时，系统会自动加载 1 台水泵运行，当 2 台或 3 台水泵运行频率低于 30Hz 以下时，系统自动减载 1 台水泵，也可根据供回水温度采用所有运行水泵同时变频调节运行模式。循环水泵采用全变频运行，各循环水泵可以对应热泵进行连锁控制机组分别启动，根据水泵运行台数自动调整运行频率，系统更节能。

---

① 该标准为项目建设时的现行标准。

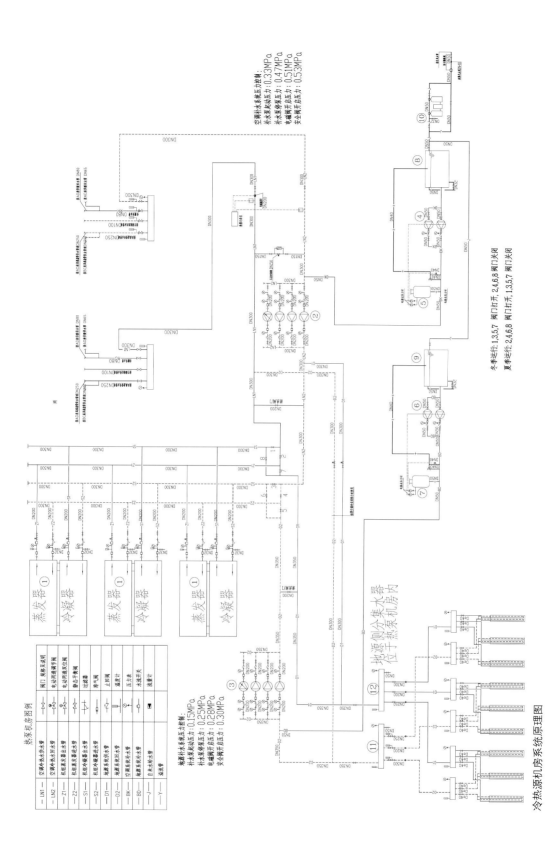

冷热源机房系统原理图

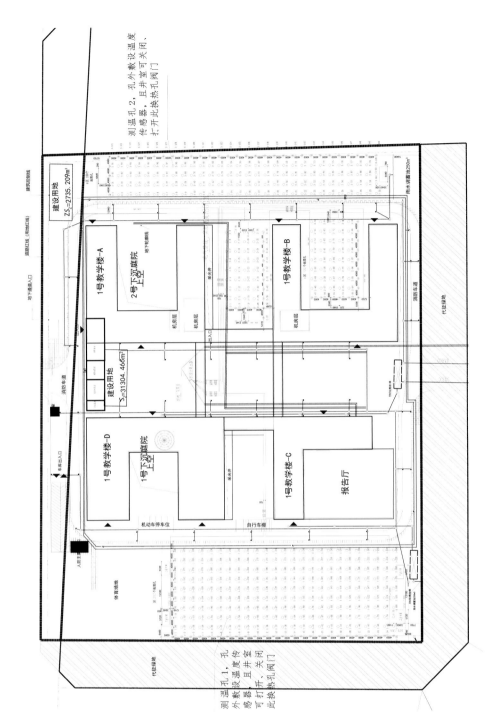

室外地理孔布置平面图

4. 电气及智能化

把新兴技术和教育深度融合在一起，是现在数字化校园发展的宗旨，也是未来智慧教育发展的主题。

通过实现从环境（包括设备，教室、班级等）、资源（如图书、讲义、课件等）到应用（包括教学、管理、服务办公等）的数字化，在传统校园的基础上构建一个数字空间，打造智慧校园系统，提升传统校园的运行效率，扩展传统校园的业务功能，最终实现教育过程的全面信息化，提高办学质量和管理水平。

智慧校园构成图

为打造智慧校园，该项目主要设置了以下各弱电系统：通信系统、综合布线系统及无线网络系统、有线电视系统、信息引导及发布系统、电梯五方对讲、手机信号放大系统、安全防范闭路监控系统、门禁系统、停车场管理系统、校园广播系统、楼宇自控系统、远程能量计量系统、电子巡更系统、周界报警系统、自动升降柱系统；针对报告厅设置了扩声系统、舞台灯光系统。

（1）信息引导与发布系统

为方便信息传递，每间教室门口设置了电子班牌，其不仅为学校日常工作、班级文化展示和拓展课堂交流提供了一个载体，还实现了学校日常工作与环境美化的完美融合，为全方位培育和打造校园文化环境提供了一个优质的载体。电子班牌可以实现校园信息之间的无缝传接，是作为班级文化展示交流的窗口，让更多的人了解班级风采。同时，电子班牌中会有校园新闻的板块，校园中的一些最新动态都可以同步到电子班牌上，学生们在看到后可以参与回复，让学生可以及时接收到校园中需要传递的信息。在电子班牌上也可以发布当前的课程信息、班级活动信息以及学校的通知信息等，方便学生了解班级信息。

（2）扩声系统

报告厅设置了扩声系统，满足以大型会议及小型文艺演出为主，兼顾阶梯教室功能使用。该学院由线列音箱、补声音箱、返送音箱、功率放大器、数字音频处理器、反馈抑制器、数字调音台、手拉手会议话筒、手持无线话筒、大合唱话筒等设备组成。

（3）舞台灯光系统

报告厅设置了舞台灯光系统。灯光系统设计、配置和布局以满足会议为主兼顾各种文艺演出等的要求，整个舞台的布光做到科学、合理。由舞台摄影灯、帕灯、光束灯和灯控台组成。各种灯光设备安装于舞台机械桁架结构上，供电线路根据现场情况从多功能厅顶部桁架内铺设金属桥架后端下翻到设备机房，前端用 JDG 管铺设到各个桁架位，对接扁平电缆预留到桁架最低位收线框中。

（4）停车场管理子系统

1）采用带有图像比对集成计时收费功能的停车场管理系统，可以通过停车场管理系统一卡通及其系统设置准确时间计算原则，计算外来车辆或未授权车辆的进出时间，便于收费管理。

2）在车辆出入口设置停车管理系统专用岗亭，用于放置可视对讲系统终端（确认访客身份）、利用图像采集技术对车牌进行识别。

3）在出、入口，分别设置1进1出的车辆管理系统，用于管理进入校区的进出车辆，并可对非校区车辆停放进行收费管理。

（5）校园广播系统

在走廊和室外园区设置校园广播系统。校园广播采用数字广播设备。前端采用数字寻址方式进行管理播放，后端采用纯后级功放进行音响驱动。广播扬声器的外壳防护等级应符合现行国家标准《外壳防护等级（IP 代码）》GB/T 4208 的有关规定。

（6）门禁子系统

1）人员持门禁卡并刷此卡进入相应的门，物业及保洁人员持通用卡可进入任意门，通用门禁卡刷卡记录可查，并对物业及保洁人员领取通用门禁卡进行实名制实时登记。

2）门禁子系统需具备卡的账户管理、事件纪录查询功能。

3）门禁子系统应具备与火灾自动报警系统的联动接口，火灾时应自动解锁门禁设备。

4）以上系统均应将其系统总线、监控、控制线汇入安防监控中心，并做到智能弱电各个系统及消防系统有效融合、系统接驳。

实景照片

沿街实景照片

04/ 应用效果

该项目已投入使用，于 2022 年 9 月迎接首批师生入校。花园式的校园环境，丰富多彩的教学空间，完善的配套设施，为师生们提供了一个教学研结合的教学综合体。该项目于 2023 年 6 月获得中国建筑金属结构协会颁发的"中国钢结构金奖"。获得一致好评。

内院实景照片

商丘外国语实验学校

01/ 项目概况

区位研究：经反复选址，商丘外国语实验学校最后落地神火大道以西、南海大道以北的地段，东侧为国际商务区，北侧为新城中央公园，体现了学校的国际形象定位。

数据研究：学校的师生总规模 6700 余人。小学班级规模为 96 个班，初中班级规模为 36 个班，教职工总人数为 700 人。规划只有根据学校的管理模式，据此对高峰列队长度、进出场时间等主要数据做出分析，方能提出定制设计方案。

经济技术指标：规划用地面积 127405m²，总建筑面积 172495m²。

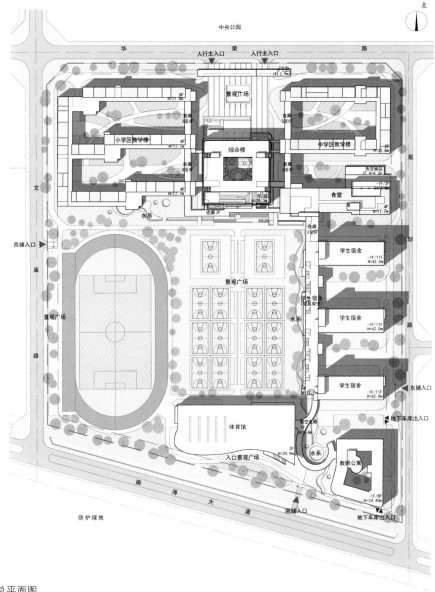

总平面图

02/ 设计理念

1. 定位研究

商丘外国语实验学校以"1+X"为教学理念,即以传统教育为基础,植入国学教育、科技教育和体验教育等若干内容,对校园空间的整体融贯设计提出了要求。

2. 问题研究

该学校的核心特点是班级规模大、低年级人数多、寄宿生源集中，因此在交通组织、空间系统和环境营造方面必须突破常规校园的单动线规划模式。

3. 核心理念与特色

（1）强化体制教学区集成，形成系统高效的教学核心；

（2）强化共享教学区聚集，形成多元互动的 X 教系统；

（3）合理学、餐、宿联动布局，实现分区合理的布局关系；

（4）素质化校园——规划、建筑、环境整体策划，校园品质整体营造；

（5）体验式校园——公共设施与廊道、庭院融贯，校园文化全方渗透；

（6）立体式校园——地面、空中多向交通分流组织，全廊道人性化关怀。

综合楼内庭透视图

4. 场地和建筑

（1）功能布局：规划将校园分为教学、寄宿和文体三大分区。北区为教学区（含综合教学、小学和初中三部），东南区位寄宿区，西南区为文体馆和户外运动区。

（2）交通组织：北入口为校园形象主入口，东西分设辅助出入口、解决高峰集散，其中东入口为平时车行主入口。校园内设置外环消防主路，内部为全廊步行系统。

（3）环境规划：北侧设中心广场，在教学、宿舍单元间构置多个绿色活动庭院。连廊整体联通，形成户内户外连续的校园文化体验空间序列。水景贯穿教学与寄宿区。

（4）风格规划：南部新城整体规划为现代风格，外国语学校同时还应兼具国际特色、学府品质和学龄特征。因此，风格定位兼备稳重大方、儒雅风尚和自由清新。

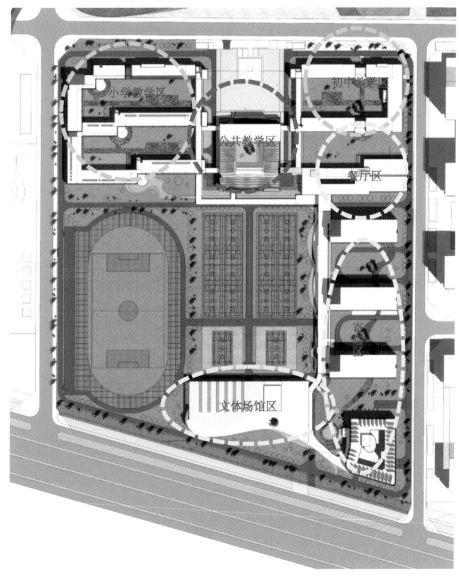

功能分析图

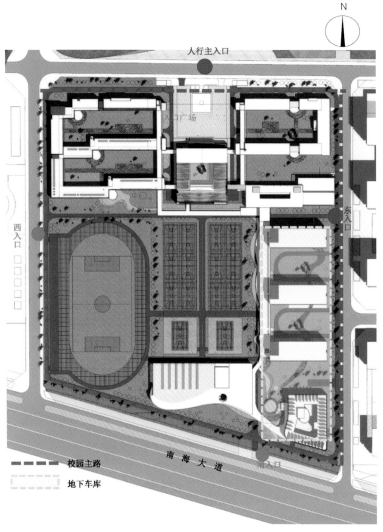

流线分析图

03/ 技术特点

1. 结构专业设计

该工程结构设计基准期为 50 年，抗震设防类别为重点设防类，建筑结构的安全等级为一级，结构重要性系数为 1.1；地基基础设计等级为乙级；抗震设防烈度为 7 度，设计基本地震加速值为 0.10 g，场地类别为 III 类，设计地震分组为第二组。

（1）学生公寓地上 11 层，地下 1 层，采用框架 – 剪力墙结构，结构形式选择合理；为满足公寓平面的建筑功能要求，地下室和底部加强区的框架柱采用矩形柱

600mm×1000mm。

（2）综合楼地上6层，地下1层，结构主体高度23.4m，采用框架－剪力墙结构，结构形式选择合理；中庭楼板开洞面积大于30%，洞口周边楼板采取加强措施，板厚150mm，配筋双层双向拉通，配筋率不小于0.25%。

（3）综合楼二层连桥跨度27m，采用箱形钢梁1350（h）×500（b）×25（t_1）×25（t_2）。

（4）综合楼中庭楼梯造型复杂，位于悬挑位置，结构采用梁式楼梯，梯梁采用折梁，周边采用与建筑立面对应的圆形斜柱。

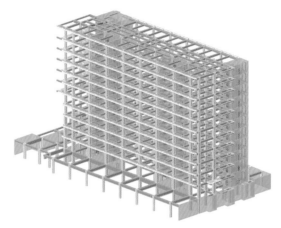

学生公寓结构三维模型

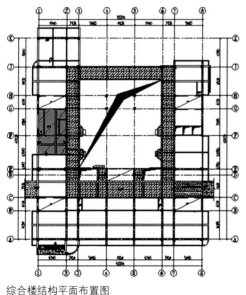

综合楼结构平面布置图

综合楼结构三维模型

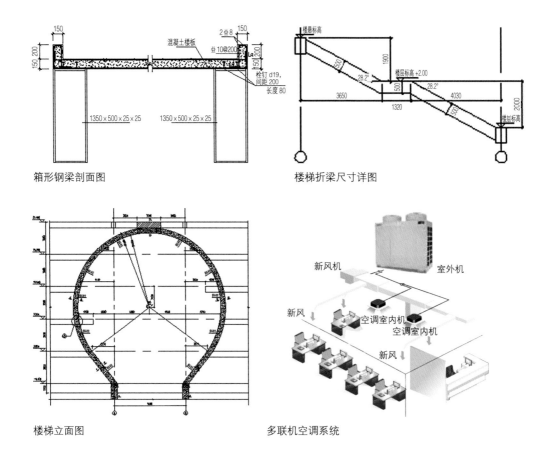

箱形钢梁剖面图

楼梯折梁尺寸详图

楼梯立面图

多联机空调系统

2. 暖通专业设计

项目周边没有市政热力条件，但考虑到学校有寒暑假的特点，因此各建筑设置变频多联机空调系统为建筑夏季供冷，冬季供热。根据建筑空调布局合理划分系统，避免出现距离过远导致机组出力衰减情况。每个教室在走廊设置一台新风换气机组为教室提供新风，保证室内空气质量有利于学生学习。

3. 给水排水专业设计

（1）该工程最高日生活用水量 832.2m³/d，最大时用水量 109.8m³/h。生活给水水源为市政自来水，三层及以下利用市政压力直供，三层以上设置变频给水机组加压供水。卫生间及其他用水点采用高效、节水器具。教学楼开水间设置带净水功能的温热水机组，净化水质满足学生课间饮用干净卫生温水需求。

（2）学生宿舍内设置集中热水系统，热源由地下一层锅炉房内真空热水机组提供，在锅炉房内设置 2 台 2.8MW 真空热水机组提供 50℃生活热水。根据院方管理要求，宿舍及公共浴室内生活热水采用定时供水系统，由于生活热水用水时间集中且水量大，生活热水储热系统采用开式系统。在地下一层生活热水换热间内设置 2 台 50m³ 有效容积生活热储水箱，由变频给水泵加压后分别供给公寓卫生间及公共浴室。热水系统竖向一个分区，采用下行上给方式，热水管道同程布置。每层热水支管处设置减压阀，阀后压力与同层生活给水压力相同（不大于 0.2MPa）。

（3）室内排水采用污、废合流系统，地上重力排水，地下压力排水。污水排至室外化粪池，经化粪池处理后排至市政污水管网。

4. 电气专业设计

（1）合理构建变配电及供电系统，提高供配电效率。该工程单体多，用电分散，且园区面积较大，因此分区域设置三处变配电室。因体育馆性质特殊，单独设置变配电室。各变配电室位置如下图红色方框所示。除变配电室外，按单体设置分配电间，为单体供电，既方便管理也可减少变配电室的出线回路和园区小市政的电缆数量。合理选用电缆及变压器，使供配电系统更加可靠。供电系统采用树干式与放射式相结合，以保障供电的可靠性。

（2）供电电源：由附近的 35kV 区域变电站引来两回路 10kV 电源，由于体育馆负荷等级要求，设置一处柴油发电机房，选用一台 400kW 的柴油发电机组作为自备电源。

因当地供电部门要求，变配电室和柴油发电机房均由当地电力设计院深化设计。

（3）电气照明：因该项目为学校项目，含有大量教学楼等教学场所，为保护学生视力，对于灯具选择有以下要求：

1）所有光源均采用高效节能环保型光源，照明灯具均采用高效灯具，照度均满足《建筑照明设计标准》GB 50034–2013 的目标值要求。

2）教室等教学场所均选用高显色指数的灯具，显色指数不小于 80。

3）所有场所的照明统一眩光值（UGR）最大允许值应符合《建筑照明设计标准》GB 50034–2013 表 5.3.7 的规定。

教育建筑照明标准值

房间或场所	参考平面及其高度	照度标准值（lx）	UGR	U_o	R_a
教室、阅览室	课桌面	300	19	0.60	80
实验室	实验桌面	300	19	0.60	80
美术教室	桌面	500	19	0.60	90

房间或场所	参考平面及其高度	照度标准值（lx）	UGR	U_{O}	R_{a}
多媒体教室	0.75m 水平面	300	19	0.60	80
电子信息机房	0.75m 水平面	500	19	0.60	80
计算机教室、电子阅览室	0.75m 水平面	500	19	0.60	80
楼梯间	地面	100	22	0.40	80
教室黑板	黑板面	500*	—	0.70	80
学生宿舍	地面	150	22	0.40	80

注：* 指混合照明照度。

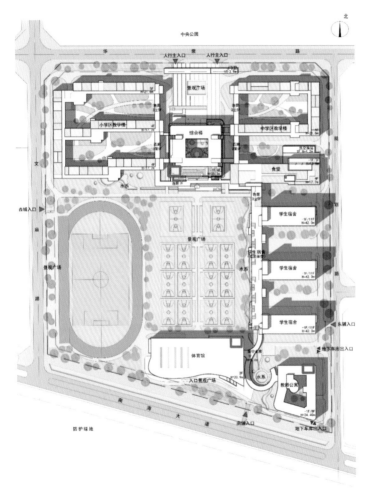

变配电室位置

4）所有场所选用的照明光源的色温，满足《建筑照明设计标准》GB 50034–2013 表 4.4.1 的规定。

光源色表特征及适用场所

相关色温（K）	色表特征	适用场所
<3300	暖	客房、卧室、病房、酒吧
3300 ~ 5300	中间	办公室、教室、阅览室、商场、诊室、检验室、实验室、控制室、机加工车间、仪表装配
>5300	冷	热加工车间、高照度场所

5）景观照明在水景区域全部选用安全电压灯具（24V），防止发生触电事故。

教学楼内院人视图

综合楼人视图

学生公寓楼人视图

北京佳莲学校（北京四中国际课程佳莲校区）

01/ 项目概况

　　北京佳莲学校所在的昌平区南口镇，位于北京市西部自然环境良好的山区边缘地带。校区总建设用地面积约 22637m²，总建筑面积约 6321m²，包括集教室、实验室、办公室、报告厅、咖啡厅与餐厅等功能于一体的综合教学楼，以及学生宿舍楼、运动场、种植园及众多分散的学生活动场地。

　　作为地区政府为承接市区中学国际课程项目外迁而特批成立的民办全日制完全中学，校区的规划设计充分利用镇域既有街区中的狭小用地，在提供教学、住宿、运动等必要校园设施的同时，以"微而无限"的设计理念为学生全天候的学习生活创造充实、丰富而又充满弹性与探索性的环境体验。

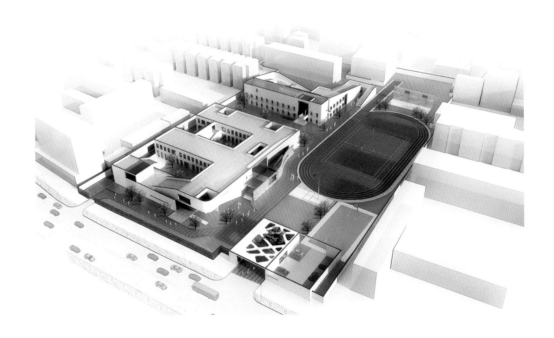

02/ 设计理念

　　校园规划设计与学校的教育模式密切相关。北京佳莲学校希望结合中西方教育的优势和特色，将传统学校教育与营地教育两种模式相融合，以求在接轨现行中国普通教育体系的同时，更加注重每一名学生的个性化发展以及对自主能力、社交能力、领导能力等综合素质的培养，因材施教。

　　传统学校教育注重管理的有序与高效，而营地教育更注重以学生为中心的多元化的体验式教学，通常以功能限定相对模糊的空间模式来支持更灵活可变、鼓励不断创新的多样化使用方式，也更关注自然环境的引入，引导学生体验、关注自然的同时，在人与自然的互动中成长。北京佳莲学校的校园设计正是这两种空间模式"重叠"的场所，通过对众多以差异化体验为导向、向自然环境开放的公共空间的创造，在有限的场地中使更多使用方式、更多自由选择、更多偶发接触、更多"即兴演出"成为可能，从而鼓励不同个体对日常生活环境的持续探索，并主动进行空间使用方式的再创造。

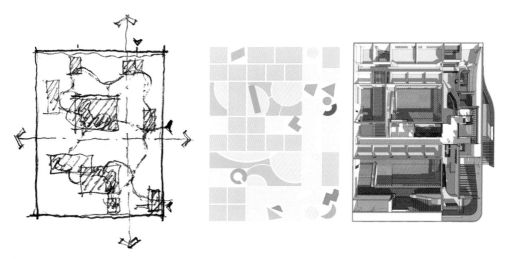

分析图

室外实景图

室内实景图

该项目结合新型教学理念，采用小班教学方式，设置更多的公共空间供学生开发自身潜质。庭院式的学校主入口以中国传统建筑方式加以现代的表现手法，创造出良好的入口空间。将教学区集中放置在基地南侧，与入口形成良好的互动关系，更方便学生就读与家长参观。宿舍区集中布置在基地北侧，形成静谧的后花园休息区域。

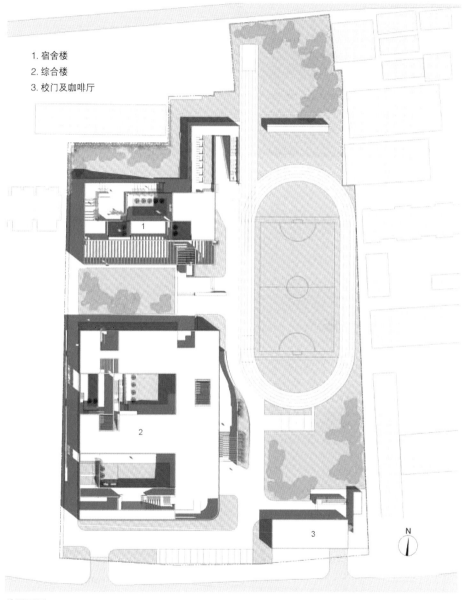

1. 宿舍楼
2. 综合楼
3. 校门及咖啡厅

总平面图

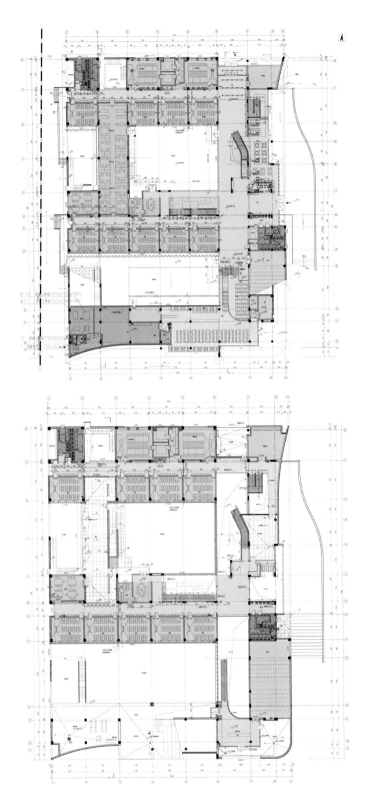

教学区平面示意图

03/ 技术亮点

1. 结构和材料

该工程包括两栋单体建筑：宿舍楼地上 2 层（局部 1 层），建筑高度 7.40m；教学楼地上 2 层（局部 1 层），建筑高度 7.90m。

该工程抗震设防类别为重点设防，抗震设防烈度为 7 度、0.15g、第二组，结构安全等级为二级；建筑场地类别为 II 类，设计使用年限为 50 年。宿舍楼结构形式为混凝土抗震墙（局部框架）结构，基础形式为墙下条形基础，柱下独立基础；教学楼结构形式为混凝土框架结构，基础形式为柱下独立基础。

该工程为重点设防类建筑，按提高一度的设防要求采取抗震措施；宿舍楼抗震墙抗震等级为三级，框架抗震等级为二级；教学楼框架抗震等级为二级。基础持力层均为卵石层，承载力标准值为 280 kPa。由于建筑功能及空间体形要求，存在大面积的楼板不连续及跃层柱，结构按分块刚性板及弹性模进行结构包络设计；跃层柱按屈曲分析确定柱实际的长度系数，进行结构分析及抗震加强设计。

2. 暖通空调

夏季采用空调系统供冷，冬季利用园区内市政热力管道供暖，热水供 / 回水温度为 85℃ /60℃。宿舍楼夏季总空调冷负荷为 150kW，冷负荷指标为 69W/m^2，冬季供暖热负荷为 94kW，热负荷指标为 43W/m^2；教学楼夏季空调冷负荷为 420.8kW，冷负荷指标为 91.5W/m^2；冬季供暖热负荷为 170.9kW，热负荷指标为 37W/m^2。

供暖分为散热器供暖和地板供暖两部分。散热器供暖系统利用园区热水直供；地板供暖系统经换热机组换热后二次热水供 / 回水温度为 50℃ /40℃。空调均采用多联机形式，冷媒 R410A，室外机置于屋面。

3. 给水排水

（1）生活给水系统：从地块西南方向温南路市政给水管线（DN300）引入一根 DN100 的给水管，在项目地块内成枝状布置，供该项目生活用水和室内外消防水池补水。宿舍楼及教学楼一层和二层均由市政管网直接供水。教学楼内各层分散设置饮水机，提供平时饮用水。

（2）生活热水系统：宿舍楼采用定时供应集中热水系统，在宿舍屋顶设置太阳能平板型集热器，供给宿舍生活热水。

（3）排水系统：室外采用雨、污分流制排水系统，室内污、废水采用合流制排水系统。卫生间生活污水经化粪池处理后排入地块西南侧温南路市政污水管道。厨房的废水经过二级隔油（厨房内排水洁具处设置一级隔油，教学楼南侧室外设置隔油池二级隔油）后排入市政污水管网。

（4）雨水系统：屋面按照重现期10年、汇水时间5min，计算雨水排水立管和排水天沟。屋面雨水采用重力流内排水方式，采用87型重力雨水斗，经雨水排水管道，在室外埋地排入雨水检查井。室外地面雨水经雨水口，由室外雨水管汇集后排至地块西南侧温南路市政雨水管。

（5）雨水调蓄：在设计下凹绿地（50mm贮水量为161.38m³）、透水铺装（储水量为147.47m³）、雨水调蓄池（贮水量为389.39m³）后年径流总量控制率为83%（对应的设计降雨量为32.45mm）。按照3年一遇计算，该项目一次降雨（2h计算）的实际设计径流总量为853.37m³，最大时外排雨水的峰值流量为166.13L/s，外排雨水量为302.61m³，外排雨水流量径流系数为0.17，消峰率为74%。雨水径流系数：通过合理的绿化和景观设计（如植被浅沟、下凹式绿地、植被缓冲带、土壤渗滤、雨水调蓄池等）控制雨水径流量，保证场地内开发后外排雨水流量径流系数为0.17。

（6）消防系统：该工程消防系统包括室内外消火栓系统和灭火器配置系统。消防水池采用埋地式一体化消防水池，消防水池（有效容积325m³分为两格）和消防水泵房位于操场东南角，由泵房内引出两路消防给水管在地块内成环状布置（DN200），供教学楼室内消火栓及室外消火栓用水。埋地式一体化消防水池应满足《消防给水及消火栓系统技术规范》GB 50974—2014第4.1.5条、4.3.9条、5.1.12条、5.1.13条关于消防水池设置规定。消防泵房需与本项目同时竣工，同时验收，同时投入使用；泵房内设置室内外消火栓泵和增压稳压泵。

4. 电气及智能化

该项目电气及智能化设计内容包括：电力配电系统；照明配电系统；建筑物防雷、接地系统及安全措施；综合布线系统；有线电视系统；安全防范系统；校园广播系统；信息发布系统；火灾自动报警及消防联动控制系统。

教学楼首层设一间配电间，从校园箱式变电站引来三路电源为本楼供电，其中

AP1 和 AL1 电源引自不同变压器的不同母线段。电源采用低压 50Hz、380V/220V，三相五线制。从校园箱式变电站引来两路电源为宿舍楼供电；宿舍楼设置集中计量系统配电箱，可单独采集每间宿舍的用电数据。

教学楼首层设弱电机房，语音、数据光缆由校园内弱电机房引入本楼首层弱电机房。综合布线系统为开放式网络拓扑结构，支持语音、数据、图像、多媒体业务等信息的传递。方便用户在需要时，形成各自独立的子系统。

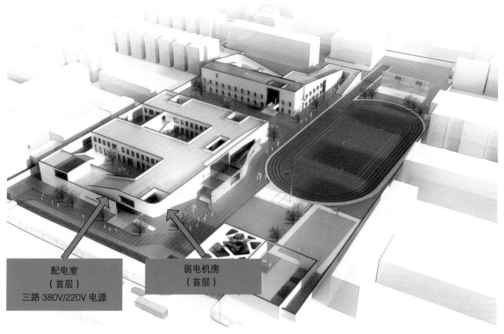

电气用房位置示意图

04/ 应用效果

学校投入使用后，获得了师生的一致好评，特别是在空间环境促进学生发展与"微型校园"弹性而高效的使用等方面，成为当前学校设计的一次成功的尝试。同时，校方也举办了多次与其他学校间的行业交流，来此参观的其他学校校长们也都给予了高度评价。

该项目于 2021 年荣获美国"ARCHITECTURE MASTERPRIZE – 2021 HONRABLE MENTION"，于 2021 年荣获 IDA 荣誉奖。

武汉市第十七初级中学

01/ 项目概况

　　该项目位于武汉市建一路东侧，南临融侨锦江，西临建一路，北临宗关消防中队，规划用地性质为教育用地，项目总建筑面积 13790.51m²，其中：新建设一栋综合楼，建筑面积 9090m²，包括教学、办公、生活及辅助用房；不计容架空层建筑面积 835.70m²；地下室建筑面积 3864.81m²，用于建设地下停车场及设备用房。同步建设室外篮球场，非标 150m 环形塑胶跑道田径运动场、大门及围墙，配套建设供配电、给排水、道路及绿化等设施。

1.基地内部　　　2.立交桥涵洞　　　3.宗关地铁站　　　4.融侨锦江

基地现场

02/ 设计理念

1. 设计构思

　　"开放式建筑"——集约式的建筑布局，以建筑作为墙体划分室外空间。

　　"空间的存在是恒常的，但其内容的使用却是可以变化的。"这是开放式建筑的基本思想。开放式建筑的提出，考虑的不仅仅是一所学校，而是一个学校建筑的体系。它秉持的是建筑与人之间的互动观念，关注建筑如何能够寿命更长、能够应对社会的变化、使得建筑与环境更友好。和谐与平衡是传统东方文化中重要的一部分，对自然与建造环境、传统与现代、内学习与课外活动、正式与非正式、集体与个人，寻找并建立一种动态的平衡。一个学校的建筑环境应该作为这些平衡的引导。

设计理念

空间构思

2. 设计策略

策略一：创造多元化的建筑空间

普通教学空间：根茎状结构内高效连接。学生在这里度过每天 80% 以上的时间，为了方便老师和学生在有限的课间 10min 找到目的地，将较传统的普通教室放在地面以上，排列于根茎状的空间组织结构内，构成高效连接的连续空间。

个性教学空间：置于地下及半地下。与广场花园巧妙地融合，包括学生活动室等集体活动空间置于地下及半地下，与地面花园巧妙地相互融合。

社会交往空间：不规则的连接介质将所有的空间构成一个有机的整体。在新的学校里，教室被延伸到户外，与花圃公园合为一体；与此同时，课外活动场所也被带入室内，带进不受气候影响的空间。

策略二：将自然引入学校

在新学校里引入两种自然形态：花园和农田。

花园：新校园自然生动的地面形态能让学生们在其间自由地探索漫步，将校园内的自然空间最大化，同时也是课室及活动交流空间的延伸。

农田：新学校意图将实验农田带到屋顶上，让学生学习种植的方法和领会收获的乐趣。屋顶农田亦记录了该基地曾为农田的历史

策略三：关于环境与能源

通过采用绿化屋顶（校园农场），水资源循环再利用设施，应用当地材料建设校园，以达到绿色建筑标准；对未来负责的人必须对环境负责，这应当是我们教育的一个根本部分。

策略四：空间灵活性

有别于传统的独立式教学楼设计，不同的教学空间被连接在一起形成了一个连续的自由形态。建筑空间的动态性与新式教学环境的流动性和有机性相得益彰、融洽结合，为培育新一代的学子提供一个新景观。新学校功能布局的灵活性和适应性为未来的发展变化做好了准备。

策略五：建筑标准化与个性化

这所学校是一次对教育伊甸园的探索，希望在设计和实施的过程中，研究和发展

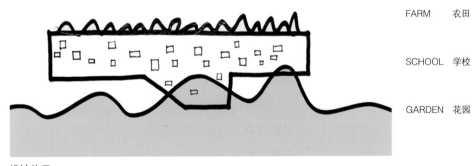

FARM　　农田

SCHOOL　学校

GARDEN　花园

设计构思

出可以应用在未来学校建筑上的一个新的、低成本的体系，为更多的孩子创造出利于身心健康成长的优良环境。

3. 场地和建筑

学校规划分为教学区和运动区两个功能区。教学区位于用地东侧，布局一栋 5 ~ 6 层综合教学楼，整体采用数字"17"的形式布局，其中普通教室布置在教学区中部，南侧为专业教学区，北侧为多功能活动中心与辅助用房。首层局部架空，建筑高度 23.9m，运动区位于用地的西侧，规划有一个 150m 环形跑道以及一个足球场。规划地下一层机动车停车位 90 个，地面设有 2 个校车车位，同时在教学楼一层架空区域设置非机动车停车区域。规划充分利用了有效的建筑空间，采用半地下的教学布局，将风雨操场、学生活动室等集体活动置于半地下空间。建筑主体主色调为白色，穿插蓝灰色点缀修饰，整体风格简约大气，使建筑在稳重与现代感达到平衡。

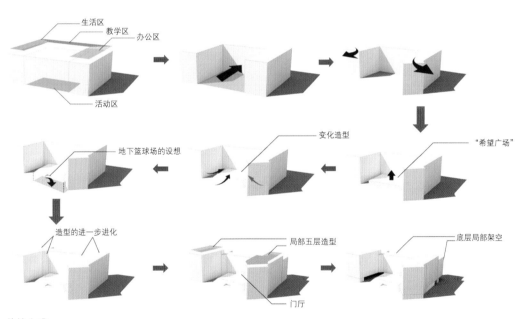

体块生成

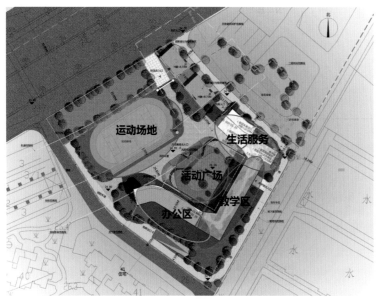

運動場地

生活服務

活動廣場

教學區

辦公區

功能分區

03/ 技术亮点

1. 结构和材料

该工程包括地下停车库、风雨操场、教学楼、综合楼。

房屋高度：综合楼23.90m（6层，框架结构）、1号教学楼20.60m（5层，框架结构）；2号教学楼23.90m（6层，框架结构）；均设一层地下室。基础形式为高强预应力混凝土管桩基础。

结构安全等级为一级；建筑抗震设防类别为重点设防类；框架抗震等级三级（局部大跨度框架为二级）。该工程结构设计亮点如下：

（1）为避免形成平面、竖向不规则的建筑形体，故在地下室顶板上各单体间设置抗震缝，在地下室设置沉降后浇带。该工程共分成4个单塔。在结构计算中采取分塔与多塔合并模型结构包络设计。

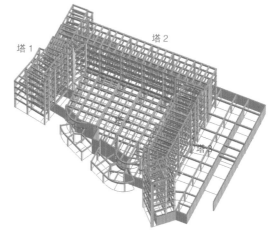

结构模型

（2）风雨操场存在约 24m 大跨度框架，为减轻自重及考虑整体变形要求，大跨度采取型钢混凝土，梁截面 800mm×2000mm，钢骨采用焊接 H 型钢，尺寸为 500mm×1700mm×36mm×36mm。

2. 暖通空调

该工程包含建筑通风及防烟排烟部分。空调系统、地下层的设备区设置机械排风系统和送风系统。

（1）通风系统：公共卫生间设置吊顶式排气扇，由侧墙百叶排至室外。换气次数不小于 $10h^{-1}$，管道换气扇自带止回阀。机电设备用房的通风系统：地下局部机房设有可开启外窗，自然通风。不满足自然通风的地下暖通设备机房、配电设备机房和给水排水设备机房分别设置机械通风系统，以满足工作人员所需新风量和设备机房的通风换气要求。

（2）地上房间均设置可开启外窗，可开启面积满足自然排烟要求，采用自然排烟。暖通空调系统采用变制冷剂流量多联式空调系统，室外机设置在屋面，室内机吊装于各功能房间。空调气流组织方式：采用旋流风口顶送，可开式带过滤网格栅风口顶部回风；其他所有房间均采用四面出风嵌入式室内机送回风。通过自动控制系统实现暖通空调系统的自动运行、调节，以减少运行管理的工作量和成本，节省暖通空调系统的运行能耗。系统终端设备采用计算机控制、显示方式。该系统应为开敞型的系统形式，以便纳入整个楼宇管理系统和连接消防控制系统。控制软件应包括设备改最优化启停、多台多组设备的群控、动态图显示、能耗统计、故障报警、记录和打印等。解决了室内风管影响美观问题，以及通风和外立面相结合的问题。

3. 给水排水

设计范围包括建筑红线内部的给水排水及消防工程。建设单位提供 2 个给水接口，2 个接口均来自市政管网，市政水压为 0.25MPa。本栋楼生活最高日用水量为 $62.9m^3/d$，最大时用水量为 $12.98m^3/h$。生活给水分 2 个区：一~三层由市政直接供给；四~六层由地下室罐式无负压加压设备供给。供给各分区对于入户压力超过 0.20MPa 的部分采用支管减压阀减压供水，阀后压力 0.20MPa。采用污废水合流制、雨污分流制。生活污水经化粪池处理后排至室外污水管网。该工程给水排水设计亮点如下：

（1）给水系统

1）当化学实验室给水水嘴的工作压力大于 0.02MPa 时，应设置减压阀调节压力至 0.02MPa 以下；急救冲洗水嘴的工作压力大于 0.01MPa 时，应设置减压阀调节压力至 0.01MPa 以下。各卫生洁具应优先采用节水型器具，各超压楼层应严格按照规范要求设置减压阀，使各用水点压力调节至 0.15 ~ 0.20MPa，以达到节水、节能要求。

2）为便于学校建筑寒暑假期间的管理，在各单体给水引入管上设泄水装置。

（2）排水系统

1）实验室化验盆排水口装设耐腐蚀的挡污箅，排水管道采用耐腐蚀管材（耐腐蚀的 ABS 塑料排水管），酸碱废液应经过酸碱中和处理后再排入污水管道，各单体分别就近设置酸碱废液的处理设施，采用成套的实验室酸碱废液污水处理装置。成套配置的酸碱废液处理设备自带智能控制系统，能实现自动运行和处理，具有占地面积少、布置灵活等优点。教学用房及学生宿舍等污、废水管布置时，为防止如毛发、塑料瓶子等较大杂物堵塞，以及排水管道结垢等影响排水效果，排水管放大到计算值的一至二级管径，以利于日后维护及管理。

2）地下卫生间设置专门污水提升泵房，风雨操场设置集水坑，以满足排水需求。

（3）消防系统

消防设施除各层设置室内消火栓系统、消防软管卷盘、自动喷水灭火系统及灭火器保护外，食堂的厨房应在其烹饪操作间的排油烟罩及烹饪部位设置相应的自动灭火装置。由于学校建筑使用人群的特殊性，室内消火栓箱的布置应优先采用埋墙暗敷，并不宜采用普通玻璃门，同时需要避免消防立管及管卡外露，必要时应当设置包管处理，以防止学生误撞击导致意外事故发生，相关消防设施产品的宜选择高质量的合格产品，安装应达到牢固及美观等要求。

4. 电气及智能化

（1）配变电所选址和布置

学校总变配电所独立配置，靠近负荷中心，这样具有两个优点：安全可靠、易于管理。需要特别注意的是，变配电所不能设置在教室附近，一方面必须充分考虑到学生的身体健康和人身安全；另一方面不能破坏正常的教学活动。校园变配电所需配置屏蔽、防噪、防水等安全设施。

（2）变电与电力系统谐波抑制

通常情况下，教育建筑中会有比较多的计算机设施、实验设施，现阶段很难在设计环节计算出与实际测量数值比较接近的谐波值。不能盲目地在学校的变配电模式中设置谐波处理设备，不能全然听取谐波厂家意见而过多地配置谐波处理设备。设计中预先保留谐波抑制设施的配置空间，待建筑物建成之后再严格检测配电系统的谐波量。根据配电系统的实际谐波量制定应对方案。除此之外，就容量比较大的谐波设施而言，考虑该设施自带滤波处理设备，把谐波电流的含量控制在合理的范围之内。

（3）有线广播系统

教室、走廊、食堂、运动场、校园主干道路设广播扬声器，主机房（广播室）面对学生操场，以便广播员在播音时能查看学生实况，系统划分时将校区按区域（教学、运动场等）设分区选择单元。除转播市广播节目外，还能转播校办节目。

（4）安全防范系统

校园安防包括周界防越报警系统、闭路电视监控系统、保安巡更管理系统、联网报警系统。安防监控的主要监控点为校园出入口、教学楼、食堂、操场、围墙、全校主要道路等场所，对校园进行 24h 全方位不间断监控，所有监控信息应该能保留一定时间，为校园突发事件应急处置、治安事件预防、失窃案件侦破等提供依据和保障。

04/ 应用效果

本方案整体建筑形体为"U"字形，普通教室区域布置在教学楼中间部分的 2～5 层，功能教室布置在西南侧 1～5 层，行政办公室放置在 6 层，生活服务配套及其他功能区域位于东北侧 6 层。规划充分利用了有效的建筑空间，采用半地下的教学布局，将风雨操场、学生活动室等集体活动置于半地下空间。首层局部架空，建筑高度 23.9m，运动区位于用地的西侧，规划有一个 150m 环形跑道以及一个足球场。规划地下室一层机动车停车位 90 个，地面设有 2 个校车车位，同时在教学楼一层架空区域设置非机动车停车区域。

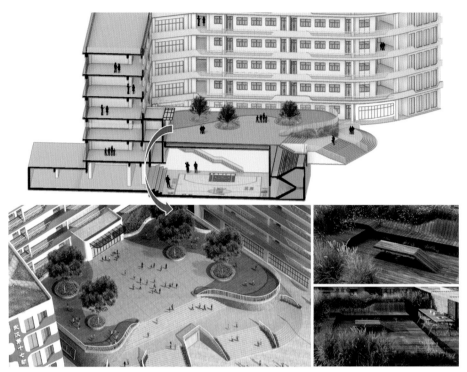

空间设计 1

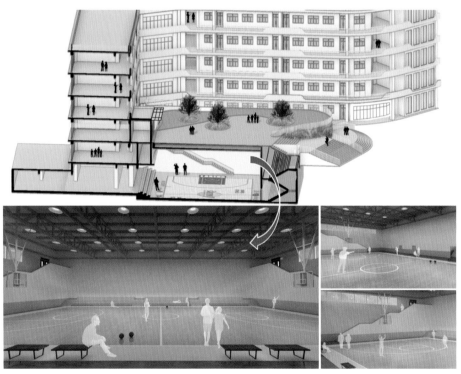

空间设计 2

透视图

鸟瞰图

日喀则市曲布幼儿园、桑珠孜区第四小学、桑珠孜区第四初级中学

01/ 项目概况

1. 曲布幼儿园

该项目位于日喀则珠峰开发开放试验区教育城内，规划为 12 班幼儿园，建设用地为 15920.77m²，建筑总面积为 5346.21m²，其中地上建筑面积为 5156.11m²，地下建筑面积为 190.1m²。项目用地南侧为规划道路，西侧为绿化用地和规划道路，东侧和北侧分别为规划桑珠孜区第四小学和规划园丁苑。

2. 桑珠孜区第四小学

该项目用地位于日喀则市经济开发区，办学规模为 24 班的小学，包括教学楼、实验楼、食堂、风雨操场、宿舍楼等。规划建设用地为 59721m²，建筑总面积为 32456.5m²，其中地上建筑面积为 27540.69m²，地下建筑面积为 4915.81m²。建筑密度为 13.11%，容积率为 0.54，绿地率为 30%，机动车停车位数为 196 个。该项目南侧、东侧、北侧为规划道路，西侧紧邻规划曲布幼儿园和园丁苑。

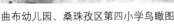
曲布幼儿园、桑珠孜区第四小学鸟瞰图

3.桑珠孜区第四初级中学

该项目位于日喀则经济开发区内,办学规模为36个班的初级中学,包括教学楼、实验楼、食堂、风雨操场、宿舍楼等。规划建设用地为56014.94m²,总建筑面积34558.95m²,其中地上建筑面积29505.67m²,地下建筑面积5053.28m²。该项目南、北、东、西侧均为规划道路,南侧地块为规划萨嘎中学和岗巴中学。

桑珠孜区第四初级中学鸟瞰图、入口人视图

02/ 设计理念

1.曲布幼儿园

幼儿园建设响应国家相关政策,为幼儿提供独具特色的空间环境,坚持美观的同时,满足使用功能的合理性。整体设计以现代简洁的处理手法,在充分考虑经济性及美观性的前提下,体现藏区建筑特色。立面采用虚实结合的处理手法,以横向线条体联系建筑各个部分,强调活动单元体量,创造富有秩序的立面节奏,通过明确的进退关系区分各功能区块的转换,塑造强烈的光影变化,为孩子提供自由灵活的生活活动场所。

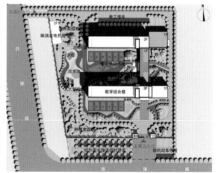

曲布幼儿园入口人视图、总平面图

2. 桑珠孜区第四小学

（1）争取最好的日照条件

根据日喀则当地气候条件，校园规划中，希望能够为孩子争取尽可能多的日照条件，达到主要教学用房不低于冬至日 6h、宿舍不低于大寒日 8h 的日照条件。

（2）隐性课堂引入，多样空间营造

"年轻的人集会在一起自由相处时，即使没有人教他们，他们肯定也会互相学习，一天天的自己获得新的思想和观点，以及判断和行为的确定无疑的原则。"——约翰·纽曼隐性课堂不是某一固定形式的课堂，它既存在于课堂上，也存在于课堂外。它是通过多样的空间进行交流来实现相互学习。

由草地、庭院组成不同性质的开放空间，为学生提供了一个有趣的、利于激发学生探索精神和创造力的校园环境氛围。

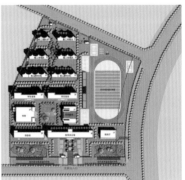

桑珠孜区第四小学入口人视图、总平面图

3. 桑珠孜区第四初级中学

校园的原创形态以文化为底蕴，以城市设计及周边城市肌理为蓝本，以功能为核心，以轴线为重点，方正有序，主次分明。同时，受边界、河流影响，引入自然导向构图，以此形成整个校园的规划结构。这样的结构，形成了张与弛、疏与密、刚与柔并存，形式和空间相呼应的统一体，产生了校园的形式感与场所感，体现了井然有序、和谐天成的人文精神，并通过规划结构的默契匹配使之成为被社会所认同的城市标志。

（1）因地制宜，情景交融。提炼区域历史人文景观要素于校园，体现人文关怀。

（2）合理近人的主广场及组团空间尺度，不仅促成不同的人际交往，而且增加凝聚力。

桑珠孜区第四初级中学人视图、总平面图

（3）打造生态校园，贯穿环保及能源节约观念。

（4）光线、气候和地面植被的改变，使之成为活跃场所的元素。

03/ 技术亮点

1. 结构和材料

（1）曲布幼儿园

该项目为 12 班幼儿园，地上 3 层，为幼儿教学活动和生活用房，地下一层为设备用房，建筑高度为 12.35m，地下埋深约 5m。

该项目建筑物抗震设防类别为重点设防类（乙类）。结构安全等级为一级；结构的设计使用年限为 50 年，抗震设防烈度为 7 度，设计基本地震加速度值为 0.15g，设计地震分组为第三组，建筑场地类别为 II 类。该工程场地处于抗震一般地段，无不良地质作用存在，抗浮水位 –3.800，地基基础设计等级为乙级。全部采用钢筋混凝土柱下独立基础（不带地下室），钢筋混凝土筏板基础（带地下室）。

该项目建筑物抗震设防类别为重点设防类（乙类），提高一度采取抗震措施，整体结构全部采用钢框架结构：框架三级，地下室挡土墙及基础采用现浇钢筋混凝土结构形式，基础持力层为圆砾，承载力标准值为 180kPa。

结构特点：该项目工期紧、任务急，结合当地的施工条件，结构选型全部采用钢框架的结构形式。为节约造价，结构方案简洁大方，中规中矩，结构传力直接、明确，梁板柱均采用最经济的截面和材料，达到了安全可靠、经济合理的目标，目前使用良好。

（2）桑珠孜区第四小学

该项目包含有：教学楼，地上 4 层，建筑高度 16.95m；实验楼，地上 3 层，建筑高度 13.05m；宿舍楼，地上 5 层，建筑高度 19.35m；食堂，地上 2 层，建筑高度 10.35m；报告厅，地上 1 层，建筑高度 9.50m；风雨操场，地上 2 层，建筑高度 13.35m；均无地下室。

该项目建筑物抗震设防类别为重点设防类（乙类）。结构的安全等级为一级，结构的设计使用年限为 50 年，抗震设防烈度为 7 度，设计基本地震加速度值为 $0.15g$，设计地震分组为第三组，建筑场地类别为 II 类。该工程场地处于抗震一般地段，无不良地质作用存在，抗浮水位 –3.800m，地基基础设计等级为乙级；所有建筑采用钢筋混凝土柱下独立基础。

该项目建筑物抗震设防类别为重点设防类，提高一度采用抗震措施，教学楼为钢框架结构体系：框架三级；实验楼为钢框架结构体系：框架三级；宿舍楼为钢框架结构体系：框架三级；食堂为钢框架结构体系：框架三级；报告厅为钢框架结构体系：框架三级；风雨操场为钢框架结构体系：框架三级。基础持力层为粉质黏土，承载力标准值为 190kPa。

结构特点：风雨操场根据建筑功能的需要，局部采用了大跨度钢梁，实际跨度 20.6m，为此提高了大跨度梁以及周边结构的抗震等级，加强了周边结构体系的抗扭刚度和整体刚度，增加楼板的配筋率和构造措施，适当提高结构的安全度，目前使用良好。

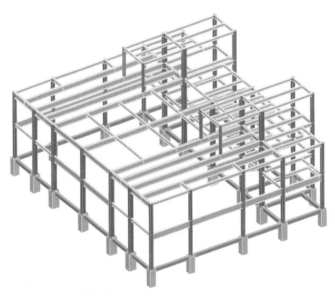

桑珠孜区第四小学结构图

（3）桑珠孜区第四初级中学

该项目主要包含有：教学楼，地上 5 层，建筑高度为 20.85m，地下 1 层并外扩组成地下车库，埋深约 5m；实验楼，地上 3 层，建筑高度为 13.05m；宿舍楼，地上 5 层，建筑高度 19.35m；食堂，地上 3 层，建筑高度为 14.85m；报告厅，地上 1 层，建筑高度为 9.50m；风雨操场，地上 2 层，建筑高度为 13.35m；公共浴室，地上 2 层，建筑高度为 13.35m。

该项目建筑物抗震设防类别为重点设防类（乙类）。结构的安全等级为一级，结构的设计使用年限为 50 年，抗震设防烈度为 7 度，设计基本地震加速度值为 0.15g，设计地震分组为第三组，建筑场地类别为 II 类。该工程场地处于抗震一般地段，无不良地质作用存在，勘探期间地下水稳定水位埋深 4 ～ 5m，地基基础设计等级为乙级。全部采用钢筋混凝土柱下独立基础（不带地下室），钢筋混凝土筏板基础（带地下室）。

该项目建筑物抗震设防类别为重点设防类，提高一度采取抗震措施，教学楼为钢框架结构体系：框架三级；实验楼为钢框架结构体系：框架三级；宿舍楼为钢框架结构体系：框架三级；食堂为钢框架结构体系：框架三级；报告厅为钢框架结构体系：框架三级；风雨操场为钢框架结构体系：框架三级；公共浴室为钢框架结构体系：框架三级；地下一层车库沿承上部教学楼结构首层的抗震等级；纯地下车库部分为钢筋混凝土框架结构，抗震等级三级。基础持力层为圆砾，承载力标准值为 160kPa。

2. 暖通空调

（1）曲布幼儿园

结合当地气候条件，该工程热源来自电动热泵站，提供 90℃ /65℃的热水。户内散热器采用异程式两管制供暖系统，系统不分区。公共厨房设全面排风及局部排油烟系统；同时外墙设计常开防雨百叶，自然补风。采用分散式空调器，预留空调室内机位置及电源，设备由用户自选。

该地区海拔高，光照充足，为太阳能供暖技术提供了很好的条件，另冬季夜晚温度较低。因此，系统采用由间接式太阳能集热系统、蓄热水箱、末端供暖系统、自动控制系统和其他能源辅助加热设备，能够保证建筑的节能与舒适性要求。

（2）桑珠孜区第四小学、桑珠孜区第四初级中学

该项目设置热水供暖系统，冬季供暖。热源以太阳能供暖为主，分散电动热泵站

供暖为辅，提供90℃/65℃的热水。教学楼、宿舍楼采用垂直单管跨越式供暖系统，上供下回；实验楼、食堂等采用下供下回双管系统。

风雨操场、公共卫生间设机械排风。厨房设置设计全面通风系统和厨房排油烟系统，有人员停留的房间均考虑利用开窗自然通风，换气次数满足规范要求值。

在计算机教室、计算机辅房等有空调需要的房间设置分体空调，报告厅采用变冷媒流量多联机空调系统和新风换气机。

满足自然排烟的楼梯间及前室（合用前室）利用开窗进行自然排烟，不满足自然排烟的楼梯间及前室（合用前室）设置加压送风系统。

风雨操场采用自然排烟，开窗面积满足地面面积的5%。公共服务设施等不满足自然排烟部位设置机械排烟系统。地下区域设消防补风系统，补风量不低于机械排烟量的50%。

3. 给水排水

（1）曲布幼儿园

重难点：满足幼儿园不同功能分区给水排水及消防系统的需要。节能环保是本次设计难点。

技术特点：生活给水水源由一路市政给水管提供，市政给水压力为0.6MPa（由建设单位提供），经减压阀减压至0.35MPa供该项目使用。分功能及业态设水表分级计量。

盥洗室淋浴采用太阳能制备生活热水，辅助热源采用电辅热的形式。太阳能系统采用集中供热水系统，屋面集中集热、集中贮水。集热系统采用强制循环系统，集热器布置于屋面，采用全玻璃真空管型。间接加热方式，循环工质采用防冻液。贮水箱为闭式承压型，配膨胀罐和循环泵。

中水水源采用市政中水，从项目南侧市政中水管引入DN100中水管，经计量后进入项目红线范围内。市政中水压力为0.6MPa，经减压阀减压至0.25MPa供该项目使用。中水用于绿化浇洒、道路冲洗。中水系统用水点处，设置防止误饮误食标志。中水水质应满足现行国家标准《城市污水再生利用 城市杂用水水质》GB/T 18920及《城市污水再生利用 景观环境用水水质》GB/T 18921的相关规定。中水管道上不得装设取水龙头。当装有取水接口时，必须采取严格的防止误饮、误用的措施。

设置水封及器具通气，保证排水畅通并满足卫生防疫要求。该工程生活排水与雨水分流，均为自流排出，生活污水均直接排至室外污水管网，排至化粪池处理后排入市政污水管网。餐饮厨房含油废水，先经过厨房内的器具隔油器进行初次隔油，再经管道收集后排至隔油间内的成品隔油器进行二次隔油，二次隔油器应采用自动分离油水方式。

该项目按一次火灾进行消防系统设计。室内外消火栓系统及自动喷淋灭火系统采用临时高压消防系统。不宜用水灭火的区域采用七氟丙烷气体灭火系统。

控制各用水点处水压小于或等于 0.2MPa。浇洒绿地与景观用水庭院绿化、草地采用微灌或滴灌等节水灌溉方式。设备噪声和振动控制标准满足现行国家标准《民用建筑隔声设计规范》GB 50118、《声环境质量标准》GB 3096 和有关规定的要求。采用透水路面；室外绿地低于道路 100mm，屋面雨水排至散水地面后流入绿地渗透到地下补充地下水源。屋面雨水排至室外雨水检查井，再经室外渗管渗入地下补充地下水源。

（2）桑珠孜区第四小学

该项目从市政引入两路给水管在场地内连通成环满足地块用水需求。分功能及业态设水表分级计量。设置水封及器具通气，保证排水畅通并满足卫生防疫要求。屋面雨水系统设计重现期 10 年，场地雨水设计重现期 3 年。生活热水采用太阳能系统供给热水。

供水系统在规范平方根法的基础上兼顾概率统计数据适当放大管径，以保证供水效果。

该项目按一次火灾进行消防系统设计。室外消火栓系统由市政管网直供，室内消火栓系统及自动喷淋灭火系统采用临时高压消防系统。不宜用水灭火的区域采用七氟丙烷气体灭火系统。

该项目给水排水节能减排措施主要是控制系统无超压出流现象，用水点供水压力不大于 0.20MPa，超出 0.2MPa 的配水支管设减压阀，且不小于用水器具要求的最低工作压力。

4. 电气与智能化

（1）曲布幼儿园

1）供配电设计：该项目为二级负荷用户，采用一路 10kV 电源 + 发电机 +EPS 应急供电方式，10kV 电源线路故障或检修时自动启动柴油发电机供电。电器产品的选择需考虑海拔高度的影响，应选择高原型产品，柴油发电机的选择同样要考虑海拔高度的影响。

2）照明光源选择直管型三基色节能荧光灯，在有效保护儿童眼睛发育的同时且达到节能的目的。

3）设置移动式紫外线消毒器并有专人负责管理消毒，避免误操作。

（2）桑珠孜区第四小学及第四初级中学

1）供配电设计：该项目为二级负荷用户，采用一路10kV电源+发电机+EPS应急供电方式，10kV电源线路故障或检修时自动启动柴油发电机供电。第四小学教学区设置1台400kW柴油发电机，1台1000kVA箱式变压器，教室周转房区域设置1台400kVA箱式变压器，家属区与教学区用电分别独立自成系统。第四初级中学设置1台400kW柴油发电机及两台800kVA变压器。

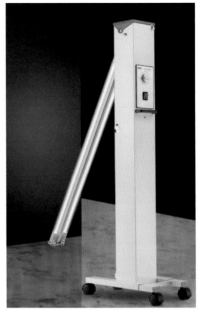

移动式紫外线消毒灯

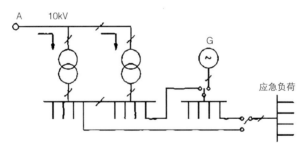

供电关系示意图

电器产品的选择需考虑海拔高度的影响，应选择高原型产品，柴油发电机的选择同样要考虑海拔高度的影响。

2）该项目智能化系统包括安防系统、有线电视系统、综合布线系统、火灾自动报警系统、校园广播系统、智慧教学系统。完善的智能化系统设计能更有效地为学校的教学管理服务。

04/ 应用效果

　　响应国家相关政策，为学生提供独具特色的空间，坚持美观的同时，又能满足使用功能的合理性。立面造型吸取了西藏地区传统的建筑风格元素及色彩，通过现代的设计手法进行演绎，为孩子们营造一种现代而不失传统的校园环境，享受现代化的校园空间的同时，找到一种归属感。

桑珠孜区第四小学建成实景图

芜湖院子地块配套小学

01/ 项目概况

　　该项目位于芜湖市鸠江区，中江大道西侧，恒祥大道南侧，天池路东侧。项目地块 2km 范围内有芜湖市中央公园及神山公园，自然景观优美，地理环境优越。项目的建成可以为周边多个居住区提供教育服务。项目用地内部分为 42 班小学及 30 班中学，分别按需配置教学楼、实验楼、图书馆、行政办公、操场、教工值班用房、食堂，标准参照安徽省义务教育阶段学校办学基本标准。学生人数规模为 3390 人，就餐人数约 1000 人。项目计容建筑面积约 3.9 万 m²，其中小学建筑面积约为 2.1 万 m²，中学建筑面积约为 1.9 万 m²。

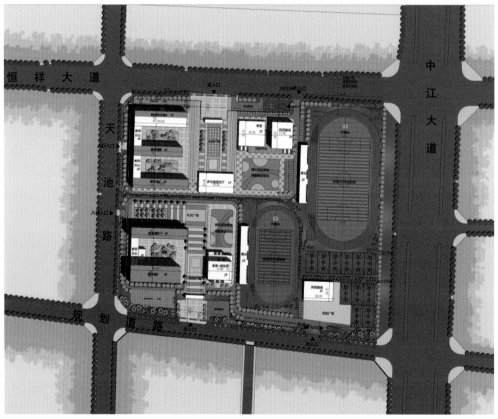

总平面布置图

02/ 设计理念

1. 创新构思

芜湖自古享有"江东名邑""吴楚名区"之美誉，是国家历史文化名城，明代中后期是著名的浆染业中心，近代为"江南四大米市"之首。校园的原创形态以文化为底蕴，以中式院落式布局的秩序感和城市设计及周边城市肌理为蓝本，以功能为核心，以轴线为重点，方正有序，主次分明。同时，将绿化空间穿插引入校园内部，以此形成整个校园的规划结构。这样的结构，形成了张与弛、疏与密、刚与柔并存，形式和空间相呼应的统一体，产生了校园的形式感与场所感，体现了井然有序、和谐天成的人文精神，并通过规划结构的默契匹配使之成为被社会所认同的城市标志。

（1）因地制宜，情景交融。提炼区域景观要素于校园，体现人文关怀。

（2）"礼仪轴、景观轴"约束群体建筑空间收放及导向性，控制肌理及对景关系。

（3）合理近人的主广场及组团空间尺度，不仅促成不同的人际交往，而且增加凝聚力。

（4）打造生态校园，贯穿环保及能源节约观念。

（5）光线、气候和地面植被的改变，使之成为活跃场所的元素。

整体鸟瞰图

2. 场地和建筑

整个校园立面材质以黑、白、棕为基调，取中式建筑之精华，融合现代建筑设计手法，脱离于传统，不失其韵味。小学主楼位于用地中心偏西侧，正对校园主入口，是主入口广场的视觉对景中心，也成为整个校园的标志性建筑物。中学的建筑布局形成了一个回字形的院落结构，从布局上向传统建筑呼应。中小学建筑造型力求现代、空灵、内蕴，轮廓线平缓、舒展，塑造出中小学的现代风貌。

项目效果图

03/ 技术亮点

1. 结构和材料

根据国家的技术经济政策，合理选用结构方案和建筑材料，做到技术先进、经济合理、安全适用。

教学区的教学楼、实验楼、行政综合楼等为4、5层现浇钢筋混凝土框架结构，柱网尺寸较为合理，框架布置比较规整，无较大悬挑，受力构件关系明晰，连廊与体形差异较大部分设抗震缝，分割成体形较简单的单体，连廊采用混凝土或钢结构并适当增设横向支撑体系；风雨操场为2层，中间大空间（网架屋面）的框架结构；食堂为1、2层框架结构；报告厅为2层、多功能报告厅1层高挑大跨框架结构，其中大跨屋面采用钢梁或钢筋混凝土预应力梁的结构方式，解决梁的变形和裂缝问题，门头大悬挑采用密肋梁（必要时采用钢梁）的结构形式，并增加竖向地震作用下承载力、变形、裂缝的控制。楼（屋）盖均采用现浇钢筋混凝土楼（屋）盖的结构形式。当后续设计过程中正常的框架结构无法满足规范要求的侧向变形要求时，可增加少量的剪力墙或部分楼座改为框架 – 剪力墙的结构形式。部分大空间的周围增加剪力墙，提高局部的抗震性能。

（1）各类结构构件所用混凝土等级及构件尺寸在后续设计阶段明确。

（2）钢筋采用HPB300级和HRB400级钢筋，混凝土强度等级均采用C30～C25，预埋件采用Q235-A.F钢。

（3）建筑填充隔墙采用非承重煤矸石空心砖。

风雨操场网架屋面

2. 暖通空调

报告厅空调采用全空气系统，过渡季节利用经过滤的全新风负担室内负荷，以降低冷水机组的能耗。教室采用分体式空调。

3. 给水排水

屋顶空调室外机

从市政道路给水管网分别引入两根 DN200 给水管至该区域，供区内生活、消防用水。室外消防给水管和生活给水管合用，生活单独计量。

用水量主要包括生活用水、消防用水等。经估算，最高日生活用水量约为 800m³/d。生活用水由市政管网直接供给，宿舍屋面设调节水箱。

4. 电气及智能化

（1）室外高压穿电力管理设到变配电设施处，低压通过穿管埋地敷设至各个用电设备（每栋楼设置单独配电间）。教学实验楼照明用电、电风扇用电、插座用电分回路布线，在一层设各类电源总控，各楼层的各类电源应该能分控；空调用电每层单独设置配电箱。

（2）采用树干式和放射式相结合的配电方式。

（3）每层设置配电箱控制本层用电设备，单体配电干线沿电缆桥架敷设，支线全部暗敷，室外设置道路、夜景照明，主干道两侧设置庭院路灯，景观区根据景观需要设置射灯、地灯等景观灯具。

室内配电房

04/ 应用效果

小学校区北侧恒祥大道设置一个主要出入口和一个次要出入口。主要出入口满足师生的使用；次要出入口满足食堂后勤的同时，也满足风雨操场的社会化使用，同时也是接送学生的停车入口。校园规划布局严格遵循学校建筑"三角形"关系，西侧为教学区，中间区域为行政区，东侧区域为运动区。三个区域围绕中心景观，相互独立且联系紧密、便捷。校园布局中以行政主楼为核心，形成两条"十字轴"关系，庄重、典雅、对称、有序，既反映教育民主化的趋势，又强调意境创造上的内聚性、向心性。空间尺度宜人，收放合理，增强其内在功能的关联性、互通性。这一系列的建筑及其室内外环境与校园核心中轴相吻合，构成学校最具特色与感召力的标志性区域。

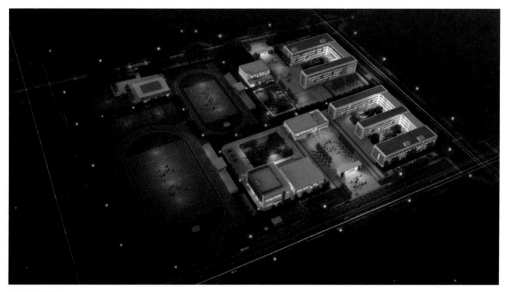

夜景鸟瞰图

教学楼透视图

Educational Buildings,
Preschool Education

教育建筑类 · 学前教育

房山区长阳镇 07 街区四片区幼儿园

锡林浩特市额尔敦幼儿园

房山区长阳镇 07 街区四片区幼儿园

01/ 项目概况

该项目位于北京市房山区长阳镇。用地面积 5414m²，总建筑面积 6047.58m²，其中地上建筑面积 4325.75m²，地下建筑面积 1721.83m²。容积率 0.8，建筑密度 30%。

该项目为长阳镇 06、07 街区棚户区改造土地开发项目 07 街区配套 9 班幼儿园，功能包括活动及辅助用房（活动室、卫生间、盥洗室、储藏间等），服务管理用房（保健观察室、教师值班室、警卫室、园长室、财务室、办公室、会议室、教具制作室等），供应用房（厨房、消毒室、洗衣间、开水间等），及每班活动场地。

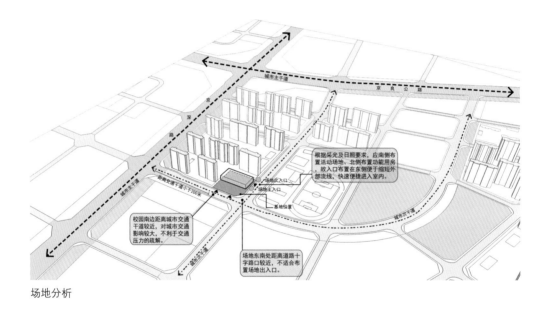

场地分析

02/ 设计理念

1. "调色盘"

小朋友的内心是纯净的、洁白的，因此笔者希望建筑在整体的白色基调下，立面采用跳动的色彩，与周围绿化景观相融，仿佛孩子们在"绘画"属于自己的未来，激发校园活力。

鸟瞰图

人视图

2. 场地设计

总体规划南侧为幼儿活动单元，北侧为辅助用房，中部设置幼儿共享空间。采用极简主义的设计手法，融合绿色生态元素（包含屋顶太阳能、光导管、垂直绿化等措施）。立面采用流畅的横向线条处理，与"竖线条"住宅形成强烈的对比与呼应，并起到活跃整个街区氛围的作用。

沿街效果图

3. 建筑设计

建筑正立面以较为纯净的白色为基调，随着视线角度的增大，呈现出五彩斑斓的"调色盘"的概念，希望以此来引导孩子们通过不同的角度去发现世界。

室内共享空间约 40m×6.3m，希望给孩子提供一个极端天气下不受外部环境影响的场所，也能满足日常活动的多样性需求。但是并没有简单地设置三层挑高的空间，而是通过线性楼梯的设置促进孩子们的日常沟通、交流，并结合楼梯及中庭设置了很多适宜儿童尺度的活动、"窥视"、文化墙等空间。

主入口处设置"棱镜"架空空间，为孩子提供更多的自我交流、互动的机会，能够充分激发孩子的想象力。提出更高标准，打造绿色建筑三星级幼儿园。

室内效果图

主入口效果图

03/ 技术亮点

1. 结构和材料

　　该项目为幼儿教学活动和生活用房，地上 3 层，建筑层高 3.90m，建筑总高度为 11.70m，地下一层平时为丙类库房，战时为甲六级二等人员掩蔽所，层高 3.80m，覆土层厚度 2.25m，地下埋深约 6m。

该项目建筑物抗震设防类别为重点设防类；结构安全等级为一级；结构的设计使用年限为 50 年，抗震设防烈度为 8 度，设计基本地震加速度值为 0.20g，设计地震分组为第二组，特征周期值为 0.40s，建筑场地类别为 II 类，场地处于抗震不利地段，无不良地质作用存在，液化类别为微液化，抗浮水位绝对标高 43.0m，水位距离室外地坪 3.5m，地基基础设计等级为一级。采用钢筋混凝土平板式筏板基础。

该项目建筑物抗震设防类别为重点设防类，提高一度采取抗震措施，采用现浇钢筋混凝土框架结构体系：框架一级；地下室挡土墙采用现浇钢筋混凝土结构形式。基础持力层为砂质粉土及黏质粉土，其中将局部粉砂液化层全部换填，处理后的综合地基承载力标准值为 90kPa。

结构特点：由于建筑功能及空间体形要求，该项目结构局部需要采取加强措施，主要存在楼板开大洞且多处不连续的不利情况，屋面局部凸起，造型复杂也带来了结构托换的设计，导致许多结构构件成为需要加强的关键构件，整个建筑虽层数不多，但这些不利因素影响了地震时水平力的传递，削弱了结构抗震的整体性。因此，需要对一些关键构件进行补充包络设计，对于开大洞的部位，结构按分块刚性板与定义弹性膜分别进行结构包络设计，特别是洞口周边的梁柱除了计算之外，还采取提高抗震等级等抗震措施，加强周围楼板的刚度及配筋率，采用双层双向的配筋方式，适当提高结构的安全储备，保证结构在抗震时的整体性。其中托换部位的梁柱更是采用抗震性能化设计，达到中震抗剪、抗弯弹性的目标。

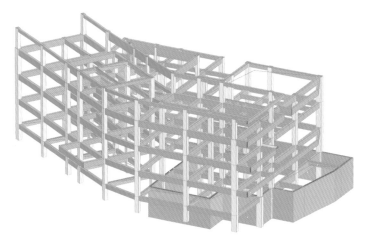

计算模型（缝右）

2. 暖通空调

根据项目特点，该工程热源及供暖形式为：由 FS10-0107-0030 地块换热站提供高温热水，在幼儿园首层热力小室内设置混水装置，供暖方式为低温热水地面辐射供暖。

空调系统：预留多联式空调机（VRV）系统条件，空调采用环保冷媒，室外机布置在屋面。

3. 给水排水

重难点：满足幼儿园不同功能分区给水排水及消防系统的需要。节能环保是本次设计难点。

通过施工审查后，又配合当地教委重新调整了洁具的布局及管道的平面路由以满新功能的要求。

技术特点：该工程水源为市政自来水，有两路市政供水供至本小区，接入管管径 DN200，水压 0.25MPa，给水支管供水压力大于 0.20MPa 处设置减压阀，阀后压力 0.20MPa。生活用水采用市政管网直供；冬季放假不使用时放空水管。分功能及业态设水表分级计量。

热水系统：热源为电热水器制备的热水，电热水器应带有保证安全使用的措施。热水与冷水管道经恒温混水阀后供给使用，水温恒定为 35℃。

设置水封及器具通气，保证排水畅通并满足卫生防疫要求。采用生活排水与雨水分流，均为自流排出，生活污水均直接排至室外污水管网，汇集后排至化粪池处理后排入市政污水管网。餐饮厨房含油废水，先经过厨房内的器具隔油器进行初次隔油，再经管道收集后排至隔油间内的成品隔油器进行二次隔油，二次隔油器应采用自动分离油水方式。

该项目按一次火灾进行消防系统设计。室外消火栓系统由市政自来水直接供水，室内消火栓系统及自动喷淋灭火系统采用临时高压消防系统。不宜用水灭火的区域采用七氟丙烷气体灭火系统。

控制各用水点处水压小于或等于 0.2MPa。浇洒绿地与景观用水庭院绿化、草地采用微灌或滴灌等节水灌溉方式。采用透水路面，屋面雨水排至散水地面后流入绿地渗透到地下补充地下水源。屋面雨水排至室外雨水检查井，再经室外渗管渗入地下补充地下水源。

4. 电气与智能化

该项目为二级负荷用户，采用 2 路 10kV 电源 +EPS 应急供电方式，在室外设置一处箱变内置 2 台变压器，箱变的设计由电力设计院进行专项设计。

低压电源由室外不同箱变引来，满足二级负荷供电要求；消防负荷采用双电源供电并在末端互投；非消防采用双电源供电，在适当位置互投。其他负荷采用单电源供电。

照明光源选择直管型三基色节能荧光灯，在有效保护儿童眼睛发育的同时达到节能的目的。消防照明采用集中电源集中控制型应急照明与疏散指示系统。

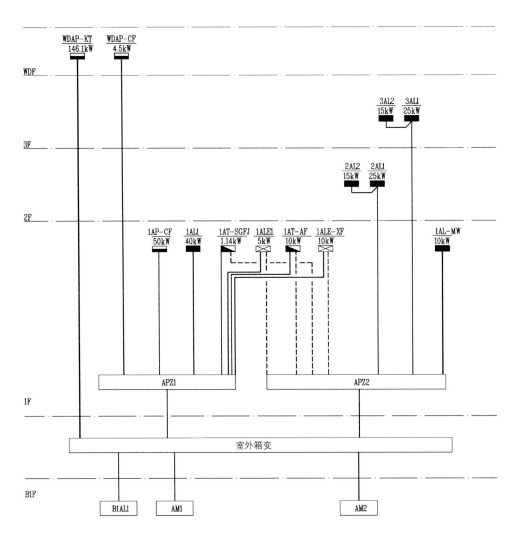

干线系统图

设置移动式紫外线消毒器并有专人负责管理消毒，有效避免误操作。

因消防水泵设置在相邻的住宅地块内，火灾自动报警采用控制中心报警系统，幼儿园设消防分控室。

04/ 应用效果

经济效益：绿色建筑尽管增加了设计和建设成本，由于长期使用，可以显著的资源节约降低运营成本。

环境效益：采取保护生态和改善环境的措施，减少了对环境的不利影响，减少了市政公用设施的处理负荷，并通过提高建筑物的周围环境，使健康的生活和舒适性的环境得到更好的满足。

社会效益：绿色建筑已成为行业发展新趋势，绿色建筑技术注重低耗、高效、经济、环保、集成与优化，是人与自然、现在与未来之间的利益共享，是可持续发展的建设手段。用较低增量成本的三星级绿色建筑推动行业更新迭代，具备良好的社会效益。

锡林浩特市额尔敦幼儿园

01/ 项目概况

　　锡林郭勒盟位于中国的正北方，内蒙古自治区的中部，驻地锡林浩特市。该项目总用地 17083.70m²，拟建建筑总面积 9220.93m²，其中教学综合楼楼 9094.93m²，门卫 126.00m²，拟按 18 个班规模进行设计，将容纳幼儿童 540 人。

02/ 设计理念

1. "积木"

该项目整体建设以欧式风格为主，采用体量穿插的处理手法，使建筑更像积木，让儿童备感亲切。建筑整体三面围合，中间形成中心庭院，设有玻璃盒子，为孩子提供嬉戏玩闹的地方。园内场地自由连贯，布局科学合理。

教学楼分为幼儿用房、办公用房、后勤用房和辅助用房四个部分，设置音体活动室及3个兴趣活动室，充分激发每个孩子的艺术天赋和发展潜能，实施素质教育。

透视图

2. 场地和建筑

总体规划布局中将场地东侧连接城市道路处作为入口广场及集中地面停车。建筑外形丰富，体形开阔，三面围合，中心形成中心庭院，并设有儿童活动房，供儿童嬉戏玩耍。建筑在场地偏北侧，使得建筑南侧向阳部分场地开阔，又不失中心凝聚力。南侧作为儿童分班活动场地、集中活动场地，大型活动器械区及种植、饲养类园地，东北侧为后勤通道及服务用房。西北侧设置次要入口，满足消防要求。

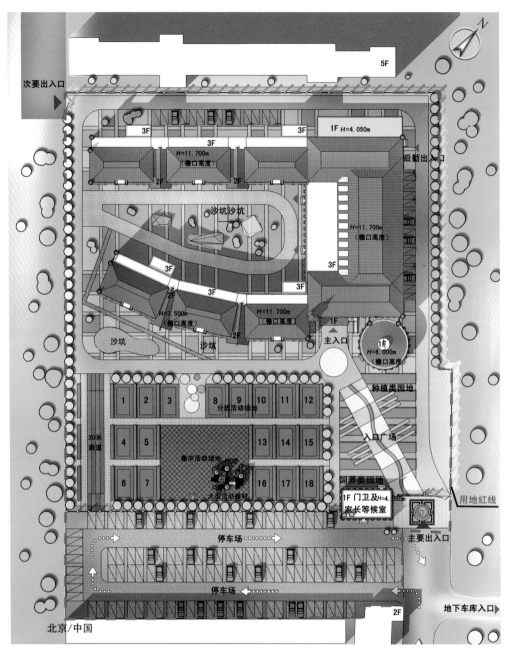

次要出入口

5F

1F H=4.050m

3F
3F
3F

H=11.700m
（檐口高度）

2F
2F

后勤出入口

沙坑沙坑

H=11.700m
（檐口高度）

3F
3F

3F

3F
2F
3F
3F

H=7.500m
（檐口高度）

H=11.700m
（檐口高度）

2F

1F

主入口

1F
H=6.000m
（檐口高度）

种植类园地

沙坑

沙坑

沙坑

入口广场

30米
跑道

1 2 3

8 9 10 11 12

分班活动场地

4 5

13 14 15

集中活动场地

饲养类园地

6 7

16 17 18

大型活动器材

1F 门卫及 H=4.050m
家长等候室

用地红线

停车场

主要出入口

停车场

2F

地下车库入口

北京/中国

总平面图

3. 建筑设计

（1）功能单体布置

幼儿园整体布置位于项目用地偏北侧，争取更多的南向活动场地，进入建筑主入口正对着一个开场的室内中庭，旁边设有小剧场，入口附近设有晨检室、医务隔离室、门卫等辅助用房；建筑的西侧为幼儿活动用房，有很好的采光；入口上面是兴趣活动室，东北侧是辅助及后勤用房，对应二、三层为办公用房。

（2）景观与活动场地

绿化环境的设计符合幼儿的活动心理，区内场地由硬质铺地及绿化间隔布置，具有良好的场地整体性及空间导向性，增强建筑对场地的控制能力。集中活动场地位于建筑南侧，包含大型玩具区、30m 跑道、种植、饲养类园地。分班活动场地与集中活动场地临近设置，便于儿童室外活动，并能获得充足的日照。

透视图

校园活动场地

Educational Buildings,
Other Education

教育建筑类・其他教育

宣城市老年大学

宣城市老年大学

01/ 项目概况

    该项目地处宣城市市中心偏南，宛陵湖景区旁，位于沿水阳江南大道的文化带上，与宣城市图书馆、宣城市博物馆等文化建筑毗邻。总建筑面积 29387m²，其中地上建筑面积 23296m²，地下建筑面积 6091m²，包含市老年大学和老干部活动中心。

02/ 设计理念

1. 创新构思

    该项目以传统空间的"院"为切入点，两个功能主体通过高低不同的体量聚落成三个层级的院落空间，通过连续起伏的坡屋顶融通勾连，以唤醒老人心中留存的空间记忆。

鸟瞰图

2. 场地和建筑

在地块规划上采用院落式布局，西侧 1 号楼为老年大学教学楼，东南侧 2 号楼为老干部活动中心，两个"L"形建筑围合成开放程度不同的入口广场以及中央景观庭院。沿街设立公园式全开放绿地景观，为老年人提供开放交流的、休憩、集散等公共性活动场所。进入场地内，由三栋建筑围合而成的入口广场将建筑的主要出入口组织在一起，形成集中的入口广场集散空间；向东转折进入内部中央庭院，形成安静的内院景观。

绵延的屋顶与山峰、粉墙黛瓦的水墨韵味是这片土地上特有的人文意境，将这些元素提炼出来，通过现代建筑语汇的转译使这些传统建筑符号呈现出新的面貌，使传统与现代突破时间的界限，碰撞在一起。同时，以院落式的建筑布局营造一种清新雅致的氛围，使整体建筑群最终和谐地融入徽州这片温润的土地上。

入口效果图

沿街效果图

传统的坡屋顶以新的方式组合,起伏的屋面轮廓和肌理仿佛群山叠嶂,与宛陵湖彼此呼应,共同展开了一幅寄情于中的山水画卷。

3. 室内风格

该项目室内设计主要采用了简约大方的风格,用相对简单的造型彰显出效果,又不缺乏实用性。室内采用白色和木色作为主色调,给使用者营造一种温馨舒适的氛围,同时以黑灰色装饰品点缀整体空间,黑灰色给人安稳平静的感觉,使得整体氛围舒缓。

首层大堂效果图

首层走廊效果图

标准层走廊效果图

报告厅效果图

03/ 技术亮点

　　太阳能制备热水具有运行成本低、无污染的优点，是近年来集中热水系统的发展趋势之一，也是绿色建筑设计中重点关注的部分。将太阳能热水系统与建筑给水排水系统相结合，替代传统热水系统，使建筑给水排水系统的整体能源消耗得到明显控制，使建筑物整体设计更加科学合理。

　　该项目厨房生活热水、淋浴热水采用太阳能集中热水系统，降低了能源消耗，减少温室气体和碳排放，使建筑整体更加绿色。

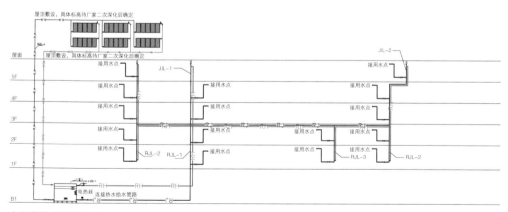

太阳能热水系统原理图